生物信息学实践教程

蒋　明　张慧娟　主编

ZHEJIANG UNIVERSITY PRESS
浙江大学出版社
·杭州·

图书在版编目（CIP）数据

生物信息学实践教程 / 蒋明，张慧娟主编 . -- 杭州 ：
浙江大学出版社，2025. 6. -- ISBN 978-7-308-26201-9

Ⅰ . Q811.4

中国国家版本馆 CIP 数据核字第 2025KQ8060 号

生物信息学实践教程

蒋　明　张慧娟　主编

责任编辑	秦　瑕
责任校对	徐　霞
封面设计	周　灵
出版发行	浙江大学出版社
	（杭州市天目山路 148 号　邮政编码 310007）
	（网址：http：//www.zjupress.com）
排　　版	杭州晨特广告有限公司
印　　刷	杭州捷派印务有限公司
开　　本	787mm×1092mm　1/16
印　　张	12.5
字　　数	273 千
版 印 次	2025 年 6 月第 1 版　2025 年 6 月第 1 次印刷
书　　号	ISBN 978-7-308-26201-9
定　　价	39.00 元

编委会

前　言

随着生命科学技术的迅猛发展,生物学进入了大数据时代,产生了海量的数据。生物学数据主要包括测序数据、芯片数据、质谱数据、基因表达数据和蛋白质结构数据等,为了能够系统地收集、整理、储存、提取、加工、分析和研究这些数据,生物信息学随之诞生。生物信息学是一门综合了生物学、计算机科学和信息技术的新兴学科,它以计算机为主要工具,开发各种算法和软件,以处理和分析大量的生物数据。通过这些技术手段,能够从庞大的数据集中提取有价值的信息,揭示生命的基本规律,并推动生物学研究的进步。

生物学与信息科学是发展迅速、影响较大的两门学科,而这两门学科的交叉融合及交替发展形成了广义的生物信息学。生物信息学以其崭新的理念吸引了广大科学家的注意。近年来,各大高校陆续开设生物信息学课程,相关教材也不断涌现。然而,由于编者的学科背景和受众层次的差异,各版本的教材侧重点都有所不同,很难找到一本适用于所有院校和专业的教材。鉴于此,编者吸取现有生物信息学教材的优点,结合所在院校及兄弟院校的实际情况以及学生的特点,编写了这本适合地方院校生物科学以及相关专业的教材。

本书共设置了13个项目。项目一为 Linux 系统与生物信息学,介绍 Linux 发行版的选择及安装、Linux 命令行界面入门和 Linux 生物信息学环境配置;项目二为 R 语言与生物信息学,包括安装与配置 R 语言、生物信息学常用 R 包安装及使用、R 语言的数据可视化;项目三介绍生物数据库与检索,包括 NCBI 数据库的操作、TAIR 数据库的操作和 KEGG 数据库检索;项目四为序列比对,介绍在线序列比对和本地序列比对;项目五为 DNA 序列分析,分别介绍开放阅读框的预测、CpG 岛的预测、启动子的预测和密码子偏好性分析;项目六为蛋白质序列分析,介绍蛋白质的理化性质、蛋白质的亲疏水性预测、蛋白质的亚细胞定位、蛋白质的跨膜结构预测、蛋白质的二级结构预测和蛋白质的同源建模等;项目七介绍系统发育分析,包括利用 MEGA 构建系统发育树和利用 IQ-TREE 构建系统发育树等;项目八为基因家族分析,包含基因家族数据的获取和序列分析等内容;项目九为转录组数据分析,介绍 RNA-seq 数据分析和单细胞 RNA 测序数据分析;项目十介绍叶绿体基因组的组装与注释,内容包括利用 NovoPlasty 组装叶绿体基因组、利用 GetOrganelle 组装叶绿体基因组和叶绿体基因组的注释及可视化等;项目十一为基因组的组装及注释,包含利用 Hifiasm 组装 contig 水平基因组、利用 juicer 和 3D-DNA 组装染色体水平基因组和利用 BRAKER 等软件进行蛋白序列注释等内容;项目十二介绍比较基因组分析,包括利用 OrthoFinder 鉴定直系同源基因、利用 IQ-TREE 和 ASTRAL 软件构建物种树、利用 r8s 和 CAFE 分析基因家族扩张收缩事件和利用 WGDI 软件分析基因组共线性和基因组复制事件等内容;项目十三为群体遗传学数据分析,内容包括基因组重测序SNP数据集的构建、利用plink和ADMIXTURE分析种群结构、利用VCFtools计算遗传多样性参数和利用FASTME构建邻接树。

本书得到了浙江省"十四五"第一批高等教育教学改革项目(jg20220564)、台州市特色高水平专业建设项目和台州学院校级教材项目的资助,在此表示感谢。由于编者水平有限,书中难免存在疏漏和不足,敬请读者不吝指正。

编　者

2025年1月

目　录

项 目 一 Linux系统与生物信息学

Linux操作系统在生物信息学领域占据核心地位,这得益于几个关键优势。首先,Linux系统稳定性显著。生物信息学涉及庞大数据集的处理与分析,要求操作系统在长期运行复杂数据分析时维持高效且可靠的性能。Linux凭借其低故障率和高可靠性,保证研究工作流畅不间断,有效避免了因系统崩溃导致的时间和资源损失。其次,Linux卓越的可扩展性满足了生物信息学对高性能计算的迫切需求。Linux能高效调配多核处理器和计算集群等资源,可处理基因组、转录组、蛋白质结构等大数据集的繁重计算任务。通过支持并行计算和优化内存管理,Linux实现了硬件潜能最大化,为生物信息学研究提供了必要的计算力支撑。此外,Linux中丰富的开源软件资源是其在生物信息学中备受青睐的另一原因。这些工具和库不仅功能强大、灵活性高,还便于定制和扩展,紧密贴合了研究者多样化的分析需求。Linux的开源特质还促进了活跃的社区互动与合作,通过共享平台,研究者能轻易获得技术支持、交流经验,加速科学发现的过程。由于Linux操作系统的稳定性、可扩展性以及开源性,其在生物信息学研究中不可替代。这些特性为构建高效稳定的计算平台奠定了基础,通过促进技术创新和知识共享,驱动生物信息学的边界不断拓展。

实验一 Linux发行版的选择及安装

一、实验目的

了解Linux系统的基本知识,掌握Linux系统的安装方法。

二、实验原理

Linux有众多的发行版可供选择。对于初学者来说,选择一个适合的Linux版本是非常重要的,因为它将决定你在使用过程中的体验和效率。其中Ubuntu、CentOS和Debian都具有良好的社区支持和丰富的文档资源。Ubuntu是一个基于Debian的Linux发行版,以其友好的界面、易用性和稳定性而闻名。它拥有大量的软件包和应用程序,可以满足大多数用户的需求。此外,Ubuntu社区非常活跃,遇到问题时可以轻松找到帮助。CentOS是基于Red Hat Enterprise Linux(RHEL)的社区支持版本,主要面向企业用户。它的软件包管理非常稳定,适用于服务器和工作站。CentOS社区同样非常活跃,提供了大量的文档和支持。Debian是一个以稳定性和安全性著称的Linux发行版,拥有庞大的软件仓库。它采用滚动发布模式,意味着你可以始终使用最新的软件包。Debian社区也非常友好,为初学者提供了很多帮助。轻量生物信息数据分析推荐在Windows系统下安装虚拟机。对于动手能力强的用户,推荐安装Linux双系统或者利用Windows的WSL2。如果用户使用的是macOS系统,请直接参考实验二,使用终端进行操作。本次实验采用VirtualBox和Ubuntu进行操作,要求开启Windows的CPU虚拟化功能。

三、实验材料

1.VirtualBox6.0.10,下载地址为https://download.virtualbox.org/virtualbox/6.0.10/VirtualBox-6.0.10-132072-Win.exe。

2.Ubuntu18.04,下载地址为https://releases.ubuntu.com/18.04/ubuntu-18.04.6-desktop-amd64.iso。

3.Windows10及以上操作系统。

四、操作步骤

1.在Windows系统下载并安装虚拟机软件VirtualBox6.0.10。

2.下载Ubuntu18.04的ISO镜像文件。

3.打开虚拟机软件,创建一个新的虚拟电脑,并选择Linux作为操作系统(图1-1)。

图1-1 新建虚拟机

4.将Ubuntu18.04的ISO镜像文件挂载到虚拟机的光驱(图1-2)。

图1-2　挂载系统镜像

5.启动ISO镜像文件,在安装界面单击"Install Ubuntu"。根据页面的提示单击下一步。出现重启的提示后,按回车键重启进入Ubuntu18.04系统(图1-3)。

图1-3　安装系统

五、思考与习题

1.在安装Linux系统之前,我们应该考虑哪些硬件兼容性问题?

2.在安装Linux系统时,我们应该如何规划磁盘分区?

3.安装完成后,我们应该采取哪些步骤来确保系统的安全和性能优化?

实验二　Linux命令行界面入门

一、实验目的

了解Bash Shell的基本知识和功能,掌握导航、文件和目录等的操作。

二、实验原理

Shell是Linux系统中的一种用户界面,它提供了一个命令行环境,允许用户与操作系统进行交互。Bash Shell是Linux系统中最常用的Shell之一。Bash是Bourne Again Shell的缩写,是对早期Bourne Shell的扩展和改进。Bash Shell提供了丰富的功能和强大的编程能力,使得用户可以更加高效地与Linux系统进行交互。

三、实验材料

Ubuntu18.04系统。

四、操作步骤

1.打开虚拟机并加载Ubuntu18.04。

2.打开命令行界面(Bash Shell)(图1-4)。

图1-4　打开终端

3.在Bash Shell中,我们可以执行各种命令来完成不同任务。

下面是一些常见的基本操作。

(1)导航操作:使用cd命令来切换当前工作目录。例如,执行cd /home可将当前工作目录切换到home目录。

(2)文件操作(图1-5):ls命令用于列出当前目录下的文件和子目录。

touch命令用于新建文件,例如,touch source.txt用于新建名为Source.txt的文件。

cp命令用于复制文件或目录。例如,cp source.txt destination.txt将把source.txt文件复制为destination.txt文件。

mv命令用于移动文件或目录,也可以用来重命名。例如,mv destination.txt new.txt将把destination.txt文件重命名为new.txt。

rm命令用于删除文件。例如,rm new.txt用于删除当前目录下的new.txt文件。

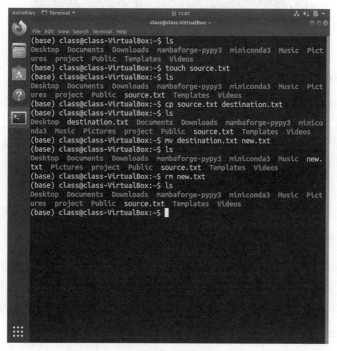

图1-5　文件操作

(3)目录操作(图1-6)

mkdir命令用于创建新目录。例如,mkdir new_directory将创建一个名为new_directory的新目录。

rm -r命令用于删除目录,如rm -r chsgenes,即可删除名为chsgenes的目录。

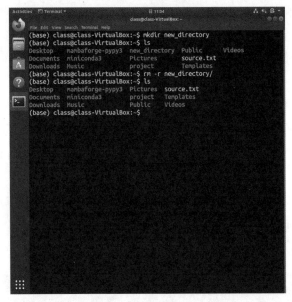

图1-6　目录操作

（4）文本处理命令

cat：查看文件内容的命令，比如cat genes.fasta，终端将显示该文件中的内容。cat还可用于文件的合并，比如cat gene1.fasta gene2.fasta > gene3.fasta，将gene1.fasta和gene2.fasta合并成gene3.fasta。

more：分页查看文件内容的命令，如more proseqs.fasta，终端将逐页显示文件中的内容，按空格键翻页。

less：类似于more命令，用于分页查看，但提供更多的交互性。如less proseqs.fasta命令可实现逐页显示文件中的内容，而less +68 proseqs.fasta则跳转到第68行。

grep：搜索文件中特定文本的命令，如grep "Arabidopsis thaliana" WRKY.TXT命令用于搜索WRKY.TXT文件中含Arabidopsis thaliana的行，而运行grep -c "Arabidopsis thaliana" WRKY.TXT则显示匹配的行数。

sed：流编辑器，用于对输入流（文件或管道）进行基本的文本转换，执行删除、替换和插入等操作。

awk：文本处理工具，用于文本和数据的处理。

（5）定向操作符

在Unix系统中，>和>>是两个常用的重定向操作符。它们用于将命令的输出重定向到指定的文件中。如果文件不存在，它将创建一个新文件；如果文件已存在，它将覆盖文件的内容。例如，ls > filelist.txt 将列出当前目录的内容，并将结果保存到名为"filelist.txt"的文件中。>> 操作符类似于 >，但它将命令的输出追加到现有文件的末尾，而不是覆盖文件的内容。例如，echo "Hello, World!" >> greetings.txt将在名为"greetings.txt"的文件末尾添加一行文本"Hello, World!"（图1-7）。

图1-7　定向操作

五、思考与习题

1.列举一些常用的Bash Shell命令,并解释它们的作用。

2.描述如何在Bash Shell中创建和使用文件。

3.解释如何在Bash Shell中重定向输出。

实验三　Linux生物信息学环境配置

一、实验目的

了解Linux生物信息学环境配置,掌握Miniconda环境的配置。

二、实验原理

conda是一个流行的包管理工具(https://conda.io/projects/conda/en/latest/),它可以帮助你轻松安装和管理各种生物信息学软件包及其依赖项。通过conda,你可以创建独立的环境,避免软件包之间的冲突,并方便地切换不同的项目环境。此外,conda还提供了方便的命令行接口和图形用户界面,使软件包的安装和管理更加简单和高效。学习使用conda等工具可大大提高在Linux环境下安装和管理生物信息学软件包的能力。

Miniconda是conda的一个简化版本,它是一个小型的Python环境管理工具,适用于创建和管理独立的Python环境。与完整的conda相比,Miniconda只包含了最基本的conda功能和一些常用的Python包,因此它的安装包更小,更适合在资源受限的环境中使用。

三、实验材料

1.Ubuntu18.04系统。

2.Miniconda脚本。

四、操作步骤

（一）Miniconda安装

1.打开虚拟机并加载Ubuntu18.04电脑。

2.打开命令行界面（Bash Shell）。

3.下载Miniconda，在命令行界面输入：wget −c https://repo.continuum.io/miniconda/Miniconda3−latest−Linux−x86_64.sh（图1−8）。

图1−8　下载Miniconda

4.在命令行界面安装Miniconda脚本：bash Miniconda3−latest−Linux−x86_64.sh。

5.按照安装向导的指示完成安装过程：在执行安装脚本后，会出现一系列的提示，要求你同意许可协议、选择安装路径等。根据提示进行相应的操作即可。

6.在当前终端会话中加载配置：source ~/.bashrc。

7.查看帮助文档：conda −−help（图1−9）。

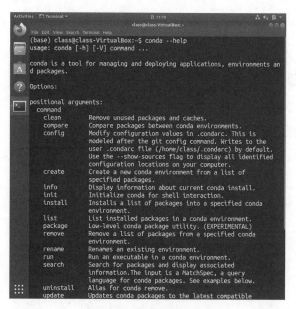

图1-9　查看帮助文档

（二）Miniconda使用

1.创建一个新的conda环境：通过以下命令创建一个名为"bioinfo"的新环境，conda create --name bioinfo（图1-10）。

2.激活新环境：使用以下命令激活刚刚创建的环境，conda activate bioinfo（图1-10）。

3.在激活的环境中，可以使用conda命令来安装各种生物信息学软件包。例如，要安装BLAST工具，可以运行以下命令，conda install blast，出现提示后输入y并回车以确认（图1-10）。

图1-10　安装BLAST工具

4.安装完成后,你就可以在该环境中使用已安装的软件包进行生物信息学分析和计算任务了。

五、思考与习题

1.如何通过conda管理特定项目所需的不同版本的Python环境?

2.在使用conda时,如何处理版本冲突和依赖问题?

3.尝试利用conda安装Biopython和SAMtools应用程序。

项目二　R语言与生物信息学

R语言是一种专门用于统计分析和图形展示的编程语言。生物信息学涉及大量的数据处理和分析，而R语言提供了丰富的数据处理和分析功能，让研究人员能够轻松地进行数据清洗、转换、分析和建模等操作。此外，R语言在生物信息学中有以下几个优势：

1.数据处理能力。R语言具有强大的数据处理能力。可以轻松处理大规模的生物信息学数据集。它支持各种数据类型，包括向量、矩阵、数据框等，方便研究人员对数据进行操作和分析。

2.丰富的统计分析功能。可以满足生物信息学研究中的各种需求。它内置了大量的统计函数和包，可以进行各种复杂的统计推断和模型拟合，帮助研究人员从数据中发现趋势，总结规律。

3.出色的可视化能力。可以将数据以图表的形式进行展示。它提供了丰富的绘图函数和包，可以绘制各种类型的图表，如散点图、折线图、热图等，帮助研究人员更好地理解和解释数据。

4.良好的扩展性。可以通过安装各种包来增强其功能。生物信息学领域有许多专门为R语言开发的包，涵盖了各种生物信息学分析方法和工具，使得研究人员可以根据自己的需求选择合适的包进行使用。

实验一　安装与配置R语言

一、实验目的

了解Windows系统中R语言包的安装及其集成开发环境RStudio的安装，掌握Linux系统R语言的安装。

二、实验原理

R语言是一种用于统计计算和数据分析的编程语言，它具有丰富的统计函数和绘图功能。R语言的环境包括R语言解释器和各种扩展包,可以通过命令行或集成开发环境(IDE)来使用,例如RStudio(https://posit.co/products/open-source/rstudio/)。RStudio是一个功能强大的集成开发环境,专门为R语言设计。RStudio提供了一个直观的界面,用于编辑R代码、运行脚本、查看输出结果、管理包等。RStudio还集成了许多有用的功能,如代码调试、版本控制、任务管理等,大大提高了R语言开发的效率。本次实验将介绍两种安装方式,分别是Windows系统和Linux系统的R语言安装。为了全面理解R语言的使用环境,后续将基于Linux系统进行R语言操作。

三、实验材料

1.Ubuntu18.04系统。

2.Miniconda。

3.R4.3.2(Windows版),下载地址为 https://cloud.r-project.org/bin/windows/base/R-4.3.2-win.exe。

4.RStudio(2023.12.1 + 402),下载地址为 https://download1.rstudio.org/electron/windows/RStudio-2023.12.1-402.exe。

四、操作步骤

(一)Windows系统R语言的安装

1.访问R项目的官方网站:https://www.r-project.org/。

2.在主页上找到并单击"Download R"选项,选择适合你操作系统的版本进行下载。

3.下载完成后,运行安装程序并按照指示完成安装过程。

4.安装完成后,你可以在Windows系统上的应用菜单中找到R图标来启动R解释器(图2-1)。

图2-1 R解释器的启动

（二）Windows系统中RStudio的安装

1.访问RStudio的官方网站：https://www.rstudio.com/。

2.在主页上找到并单击"Download RStudio"选项，选择适合你操作系统的版本进行下载。

3.下载完成后，运行安装程序并按照指示完成安装过程。

4.安装完成后，你可以在Windows系统上的应用菜单中找到RStudio图标，单击它来启动RStudio集成开发环境（图2-2）。

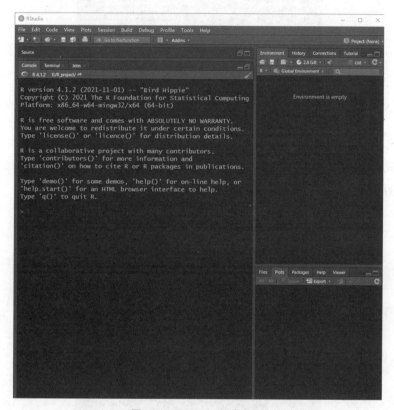

图2-2　RStudio开发界面

（三）Linux系统R语言的安装

1.更新你的系统软件包列表，以确保你能够获取到最新的软件版本：sudo apt-get update。

2.安装R语言的核心组件。在终端中激活"bioinfo"环境：conda activate bioinfo；然后输入以下命令并执行：conda install r-base。

3.安装过程中，系统可能会询问你是否确定要继续安装，输入y并确认（图2-3）。

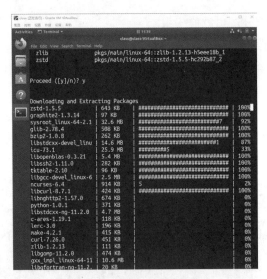

图2-3　Linux系统安装R语言

安装完成后,你可以在终端中输入"R"来启动R语言环境。如果看到R的版本信息和提示符">",说明R已经成功安装。本次安装的R为4.3.1版本(图2-4)。

图2-4　启动R语言

(四)R语言的命令使用(图2-5)

(1)创建向量(create vector):vec = c(元素1,元素2,...,元素n)。

这个命令用来创建一个向量,c()函数用于组合元素,"="是赋值操作符。例如,vec = c(1, 2, 3)会创建一个包含1、2、3的向量。

(2)打印输出(print output)。print(对象名)。

使用print()函数可以显示某个对象的内容。在R中,通常直接输入对象名也能看到其内容。

（3）分配变量（assign variable）：变量名 = 值。

这是R中分配或修改变量值的基本方式。例如，x = 5会将数值5赋给变量x。

（4）读取数据（read data）：data = read.csv("文件路径")。

这个命令用于从CSV文件读取数据到R中。请将"文件路径"替换为你的文件的实际路径。

（5）查看数据结构（view data structure）：

head(数据框名)　　　　查看数据框的前几行。

str(数据框名)　　　　查看数据框的结构。

summary(数据框名)　　对数据框进行摘要统计。

（6）简单统计计算（simple statistical calculations）：

mean(向量名)　　　　计算平均值。

median(向量名)　　　计算中位数。

sd(向量名)　　　　　计算标准差。

图2-5　R语言的命令行使用

五、思考与习题

1.在Linux系统上如何安装所需版本的R语言？

2.在Linux系统上安装R语言时，如何更新R语言的版本？

实验二　生物信息学常用R包安装及使用

一、实验目的

了解R语言的扩展包，利用Bioconductor安装及使用R语言扩展包。

二、实验原理

R语言作为一种强大的统计分析工具,已经在生物信息学领域得到了广泛的应用。Bioconductor是一个专为生物信息学研究而设计的R软件库。它提供了一系列用于生物信息学数据分析的工具和资源,包括各种生物信息学相关的R包、数据和文档。Bioconductor的目标是为生物信息学研究者提供一个方便、高效的数据分析平台,包括但不限于基因组学、转录组学、蛋白质组学等的分析。它提供了丰富的数据处理、统计分析、可视化等功能,帮助研究者从原始数据中提取有价值的信息,进行深入的生物学分析。

三、实验材料

1.Ubuntu18.04系统。

2.R交互界面。

四、操作步骤

(一)Bioconductor的安装

1.在Linux命令行打开R语言。

2.运行以下命令安装Bioconductor::install.packages("BiocManager")。

3.加载Bioconductor:library(BiocManager)(图2-6)。

图2-6　Bioconductor的安装

(二)安装使用pheatmap(图2-7)

1.pheatmap用于绘制热图,进入R语言后输入:BiocManager::install("pheatmap")。

2.加载R自带数据集 mtcars:data(mtcars)。

3.查看 mtcars 数据集:head(mtcars)。

4.查看 pheatmap 的帮助文档:??pheatmap。

5.使用 pheatmap 绘制热图:pheatmap::pheatmap(mtcars[,c(1,2,5:7)],scale="row")。

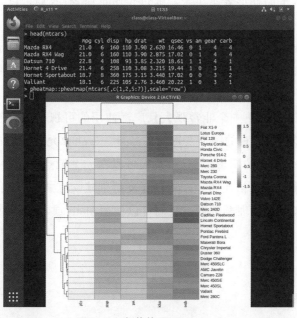

图2-7　安装使用pheatmap

五、思考与习题

1.查看 BiocManager 的版本和R语言的匹配问题。

2.DESeq2是一个用于差异基因表达分析的工具,安装并查看 DESeq2 的帮助文档。

实验三　R语言的数据可视化

一、实验目的

了解R语言绘图函数,掌握基本绘图函数的用法。

二、实验原理

数据可视化是一种重要的信息表达工具,可以帮助我们更好地理解和解释数据。通过使用图形来展示数据,我们可以更直观地观察到数据的模式、趋势和异常值。在R语言中,有许多内置的图形系统可以用来绘制基础图形。这些图形系统提供了一系列的绘图命令,使我们能够轻松地创建各种类型的图表,如折线图、柱状图、箱线图等。

plot命令:plot命令是R语言中最常用的绘图命令之一。它可以用来绘制各种类型的二维图形,如折线图、散点图等。通过plot命令,我们可以将数据集中的两个变量之间的关系可视化,从而更好地理解数据的分布和趋势。

barplot命令:barplot命令用于绘制柱状图。柱状图是一种常见的数据可视化工具,它可以将数据以垂直或水平的柱形表示出来。通过barplot命令,我们可以将不同类别的数据进行比较,并直观地展示它们的数量或频率。

boxplot命令:boxplot命令用于绘制箱线图。箱线图是一种用于显示数据分布情况的图形,它可以展示数据的中位数、四分位数和异常值。通过boxplot命令,我们可以快速地识别数据中的异常值,并了解数据的分布特征。

此外,ggplot2是R语言中一个非常强大且广泛使用的可视化工具包。它提供了丰富的功能,使得创建各种复杂、美观的图形变得简单易行。ggplot2允许我们在一个图形中添加多个图层,从而创建出多层次的图形。例如,我们可以在一个散点图上叠加一条平滑曲线,或者在一个柱状图上叠加一条箱线图。ggplot2还支持创建交互式的图表,这使得用户可以通过与图表进行交互来更好地理解数据。我们可以使用plotly或shiny等其他R包来实现交互式图表的创建。

三、实验材料

1.Ubuntu18.04系统。

2.R交互界面。

四、操作步骤

(一)R语言基础绘图(图2-8)

```
# 创建一个向量
x = c(1, 2, 3, 4, 5)
y = c(2, 4, 6, 8, 10)
# 绘制散点图
plot(x, y)
# 绘制条形图
barplot(y)
# 绘制箱线图
boxplot(y)
```

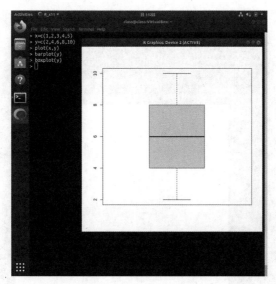

图2-8 R语言基础绘图

(二)ggplot2包的可视化(图2-9)

```
#安装ggplot2
BiocManager::install("ggplot2")
# 加载所需的库
library(ggplot2)
# 创建一个示例数据集
data = data.frame(x = rnorm(100), y = rnorm(100))
# 创建一个散点图
p = ggplot(data, aes(x = x, y = y)) + geom_point()
# 添加一条平滑曲线
p = p + geom_smooth(method = "loess")
# 调整坐标轴范围和刻度
p = p + scale_x_continuous(limits = c(-3, 3), breaks = seq(-3, 3, 1))
p = p + scale_y_continuous(limits = c(-3, 3), breaks = seq(-3, 3, 1))
# 修改标签
p = p + labs(x = "X轴", y = "Y轴", title = "多层图形示例")
# 选择颜色方案
p = p + theme_minimal()
# 显示图形
print(p)
```

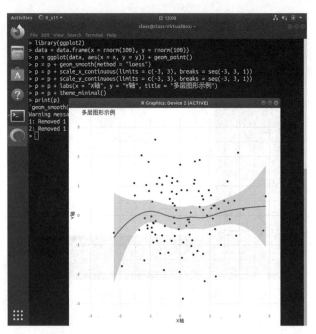

图2-9　ggplot2基础绘图

（三）ggplot2高级绘图（图2-10）

PCA（主成分分析）是一种常用的数据分析方法，用于降维和提取数据中的主要特征。

```
# 加载所需的库
library(stats)
# 创建示例数据集
data = data.frame(x1 = c(2.5, 0.5, 2.2, 1.9, 3.1, 2.3, 2, 1.5, 1.1, 2.3), x2 = c(2.4,
0.7, 2.9, 2.2, 3.0, 2.7, 1.6, 1.1, 1.6, 0.9), x3=c(3.4, 3.3, 5.1, 9.5, 4.2, 1.2, 5.6,
4.2, 1.8, 1.5))
# 标准化数据
normalized_data = scale(data)
# 进行 PCA 分析
pca_result = prcomp(normalized_data)
# 打印 PCA 结果
summary(pca_result)
# 获取主成分
principal_components = pca_result$rotation
# 打印主成分
print(principal_components)
```

```
#ggplot绘图
ggplot(as.data.frame(principal_components), aes(PC1,PC2))+
    geom_point(size=4)+
    theme_bw(base_size = 18)+
    labs(x = 'PC1(58.66%)', y = 'PC2(32.35%)')
```

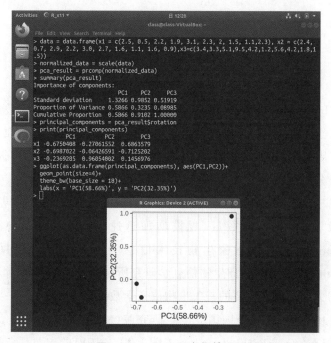

图2-10　ggplot2高级绘图

五、思考与习题

1.区别R基础绘图和ggplot2高级绘图。

2.使用ggplot2绘制一幅散点图。

项目三 生物数据库与检索

生物数据库（biological database）是指用于存储、管理和检索生物学领域相关数据的集合，包括基因序列、蛋白质序列、生物大分子结构数据、基因组数据、蛋白质组数据、基因表达数据、分子相互作用数据、代谢通路数据、论文和专利等。生物数据库为研究人员提供了宝贵的平台，可用于分析和解释各种生物现象，从而更好地理解细胞分裂、生长发育、逆境防御、物质代谢、疾病发生等的本质。随着生命科学数据的指数式增长，世界各国十分重视生物数据库的建设，生物数据库数量、规模增加迅速，其中的 NCBI（National Center for Biotechnology Information，美国国家生物技术信息中心）、EMBL-EBI（EMBL-European Bioinformatics Institute，EMBL-欧洲生物信息学研究所）和 DDBJ（DNA Data Bank of Japan，日本 DNA 数据库）为国际上最主要的三大生物信息学数据库。

NCBI 成立于 1988 年，它是美国国立卫生研究院（National Institutes of Health，NIH）的一个机构，网址为 https://www.ncbi.nlm.nih.gov（图 3-1）。NCBI 的主要任务是收集、分析和存

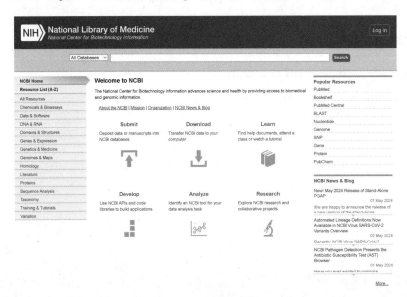

图 3-1 NCBI 的主页

储生命科学数据,同时开发生物信息学分析工具,并提供数据上传、下载和检索等服务,旨在帮助研究人员更好地理解生命现象和解决生命科学问题。NCBI提供GenBank、PubMed、PubMed Central、BLAST和Entrez等数据库或服务。其中,GenBank整合了各种生物的基因组、基因和其他DNA序列信息;PubMed为生物医学文献数据库,提供医学研究文章的摘要和全文链接。

欧洲分子生物学实验室(European Molecular Biology Laboratory,EMBL)于1974年建立,是一家非营利性的分子生物学研究机构,旨在帮助科研人员发现生物大数据的潜力,借助复杂信息进行探索并发现造福人类的成果。EMBL-EBI则是EMBL的分支机构,成立于1994年,网址为https://www.ebi.ac.uk(图3-2)。EMBL-EBI是全球领先的生物信息学中心之一,它收集、存储、管理和提供生物学数据,为世界各国研究人员提供生物信息学资源和服务。EMBL-EBI提供基因序列、蛋白质序列、基因组、蛋白质组、表达、结构生物学和生物医学文献等数据库和分析工具。

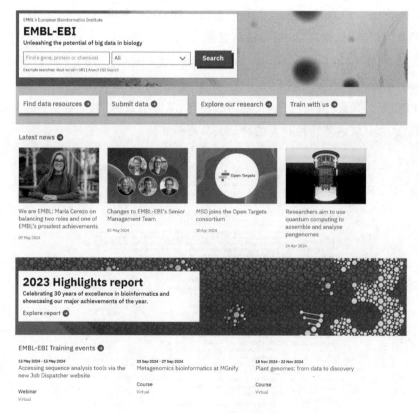

图3-2　EMBL-EBI的主页

DDBJ由日本国立遗传学研究所(National Institute of Genetics,NIG)于1987年成立,是一家非营利性机构,它是国际核苷酸序列数据库合作联盟(International Nucleotide Sequence Database Collaboration,INSDC)的成员,提供数据的存档、检索和生物数据分析等服务(图3-3)。

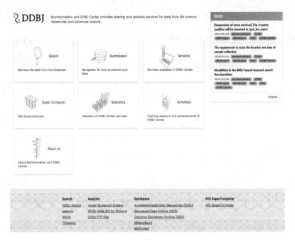

图 3-3　DDBJ 的主页

　　除 NCBI、EMBL-EBI 和 DDBJ 外,京都基因与基因组百科全书(Kyoto Encyclopedia of Genes and Genomes,KEGG)也是一个大型的数据库,网址为 https://www.genome.jp/kegg,它提供丰富的基因组学、代谢组学、信号通路数据及工具(图3-4)。一些特定物种的数据库如拟南芥信息资源(The Arabidopsis Information Resource,TAIR)、茄科基因组网站(Solanaceae Genomics Network,SGN)及斑马鱼信息网站(The Zebrafish Information Network,ZFIN)等,它们提供基因序列、基因组注释、基因型数据、表达数据、蛋白质信息和突变数据等信息,为开展这些物种研究的科研人员提供支持。

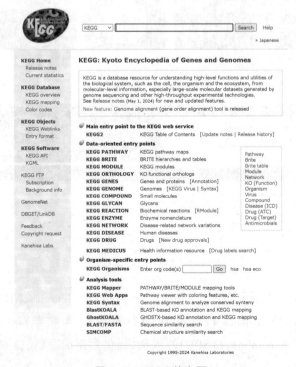

图 3-4　KEGG 的主页

实验一　NCBI数据库的操作

一、实验目的

了解NCBI网站的内容,熟练掌握利用关键词搜索基因、蛋白质的操作技术。

二、实验材料

NCBI网站https://www.ncbi.nlm.nih.gov。

三、操作步骤

1.所有数据库中检索。

(1)打开NCBI主页,找到搜索栏。

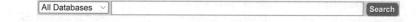

(2)在空白框中输入WRKY33。

(3)单击Search。

(4)显示结果(图3-5)。

　　从结果可知,Gene数据库中有77条记录,PubMed中有170个,Protein中有169个。PubMed Central有2080条记录,即有2080篇电子文献,用户可免费获取(图3-5)。

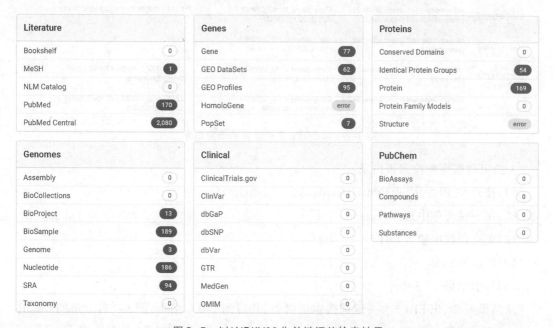

图3-5　以WRKY33为关键词的检索结果

2.指定数据库中检索基因。

(1)打开 NCBI 主页,单击 All Databases。

(2)在下拉菜单中选择 Gene。

(3)在空白框中输入 CDPK。

(4)单击 Search。

(5)显示结果(图3-6)。

从结果可知,以 CDPK 搜索 Gene,共得到 1645 个结果。其中的 Name/Gene ID、Description、Location 和 Aliases 分别表示基因名称/ID、描述、位置和别名。

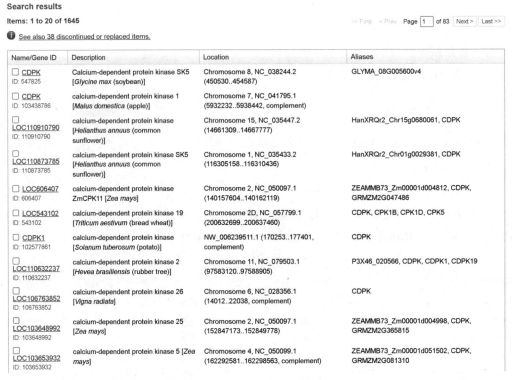

图3-6　以 CDPK 为关键词的检索结果

3.指定数据库中检索蛋白质。

(1)打开 NCBI 主页,单击 All Databases。

(2)在下拉菜单中选择 Protein。

(3)在空白框中输入 ERF5。

(4)单击 Search。

(5)显示结果(图3-7)。

从结果可知,以 ERF5 为关键词搜索蛋白质,共得到 140 个结果;图3-7右上角的 Results by taxon 处,结果以物种归类,如菖蒲(*Acorus calamus*)有 12 条记录,黄矢车菊(*Centaurea solstitialis*)有10条记录,单击相应的条目可得到详细的信息。

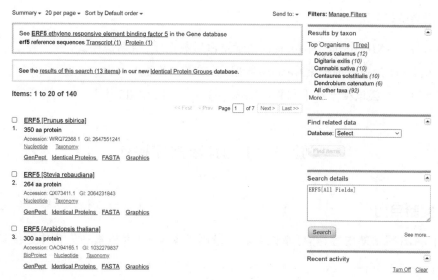

图 3-7 以 ERF5 为关键词检索蛋白质的结果

4.逻辑运算符的使用。

逻辑符 AND、OR 和 NOT 分别表示与、或、非，比如 A AND B 表示 A 和 B 两个条件都要满足，A OR B 表示只需满足其中一个条件，而 A NOT B 则表示结果中满足 A 但不能有 B。

（1）打开 NCBI 主页，单击 All Databases。

（2）在下拉菜单中选择 Protein。

（3）在空白框中输入 ERF5 NOT Stevia rebaudiana。

（4）单击 Search。

（5）显示结果（图 3-8）。

与图 3-7 相比，利用 NOT 逻辑符排除了包含 Stevia rebaudiana 的条目。

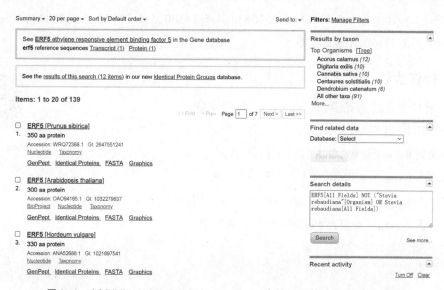

图 3-8 以 ERF5 NOT Stevia rebaudiana 为关键词检索蛋白质的结果

四、思考与习题

1.以 ERF5 AND Stevia rebaudiana搜索蛋白质数据库,结果是什么?

2.以 Brassica 为关键词搜索 Genome 数据库,结果是什么?

3.在 NCBI中,尝试搜索红毛猩猩(*Pongo pygmaeus*)的CCR5基因。

实验二 TAIR数据库操作

一、实验目的

了解 TAIR 网站的内容,熟练掌握查看转录因子家族、基因检索和染色体定位等的操作技术。

二、实验材料

1.TAIR 网站,网址为 https://www.arabidopsis.org。

2.拟南芥基因的 Locus ID:At1g03970、At1g06070、At1g06850、At1g08320、At1g13600、At1g19490、At1g22070、At1g32150、At1g42990、At1g43700、At1g45249、At1g49720、At1g59530、At1g68640、At1g68880、At1g75390、At1g77920、At2g04038、At2g12900、At2g12980、At2g13130、At2g13150、At2g16770、At2g17770、At2g18160、At2g21230、At2g21235、At2g22850、At2g24340、At2g31370、At2g35530、At2g36270、At2g40620、At2g40950、At2g41070、At2g42380、At2g46270、At3g10800、At3g12250、At3g17610、At3g19290、At3g30530、At3g44460、At3g49760、At3g51960、At3g54620、At3g56660、At3g56850、At3g58120、At3g62420、At4g01120、At4g02640、At4g34000、At4g34590、At4g35040、At4g35900、At4g36730、At4g37730、At4g38900、At5g06950、At5g06960、At5g07160、At5g10030、At5g11260、At5g15830、At5g24800、At5g28770、At5g38800、At5g42910、At5g44080、At5g49450、At5g60830。

三、操作步骤

1.查看拟南芥的水孔蛋白(aquaporin)基因家族。

(1)打开 TAIR 网站。

(2)找到 Browse 菜单,单击打开下拉菜单。

(3)单击 Gene Families。

(4)在 Arabidopsis Gene Family Information 列表中找到 Aquaporins。

(5)单击 Aquaporins,得到如图 3-9 所示的结果。

Locus ID文件

Arabidopsis Aquaporin Gene Families

Source:　Arabidopsis Membrane Protein Library

Gene Family Criteria:　Ward, J. (2001) Identification of novel families of membrane proteins from the model plant *Arabidopsis thaliana*. *Bioinformatics*, **17**, 560-563.

Contact:　John Ward

Gene Family Name:	Protein Name:	Genomic Locus:	Accession:	TIGR Accession:
Delta tonoplast integral protein family		68069_m00151 At1g31880		major intrinsic protein, putative
		F23A5_10 At1g80760	AAF14664	nodulin-like protein
		T18K17_14 At1g73190	S22201	tonoplast intrinsic protein, alpha (alpha-TIP)
		F4I18.6 At2g45960	T02451	aquaporin (plasma membrane intrinsic protein 1B)
		F28L1_3 AT3g06100	AAF30303	putative major intrinsic protein
		MNJ7_4 AT5g47450	BAB09071	membrane channel protein-like; aquaporin (tonoplast intrinsic protein)-like
		F4P12_120 AT3g53420	CAA53477	plasma membrane intrinsic protein 2a
		T1J8.1 At2g36830	S22202	putative aquaporin (tonoplast intrinsic protein gamma)

图3-9　拟南芥水孔蛋白基因家族

2.蛋白质检索。

(1)打开TAIR网站。

(2)在搜索框中输入WRKY33。

(3)单击搜索框右侧的Gene,在下拉菜单中选择Protein。

(4)单击🔍执行搜索任务。

(5)得到如图3-10所示的结果。

结果中,Calc MW、Calc pI、Length、Locus、Gene Symbol/Full Name、Gene Models和Description分别为分子量、等电点、长度、基因符号/全称、转录本和蛋白质的简单描述;通过单击Name、Locus和Gene Models,可获得更为详细的信息。

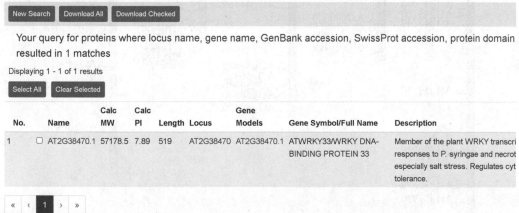

图3-10　以WRKY33为关键词检索蛋白质的结果

3.染色体定位。

（1）打开 TAIR 网站。

（2）找到 Tools 菜单并单击。

（3）单击下拉菜单中的 Chromosome Map Tool。

（4）在空白框中输入 Locus，一个 Locus 占一行，格式如下：

At1g03970

At1g06070

At1g06850

……

（5）单击 DISPLAY ON CHROMOSOMES。

（6）得到如图 3-11 所示的结果。

在提交 Locus 之前，可更改 Zoom factor、Chromosome color 和 Tickmark color 的数值或颜色，以调整图片的大小、染色体及位置刻度的颜色。通过单击右键，复制图片到剪贴板或另存为图片文件。

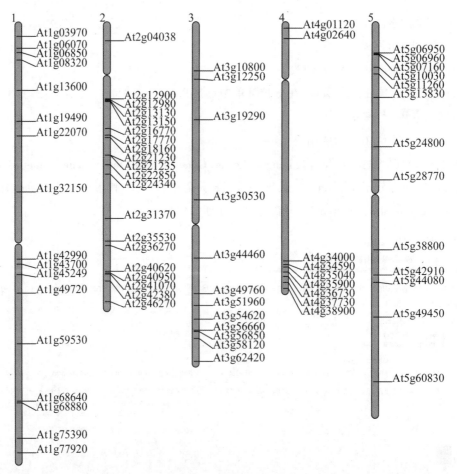

图 3-11　染色体定位的结果

四、思考与习题

1.查看TAIR数据库的bZIP Transcription Factor Family,并整理出所有成员的Locus ID。

2.根据第1题的Locus ID,将它们定位到染色体上。

实验三　KEGG数据库检索

一、实验目的

了解KEGG网站的内容,熟练掌握利用关键词、蛋白ID和化合物来查看相应代谢通路的操作技术。

二、实验材料

1.KEGG网站,网址为https://www.kegg.jp/kegg/。

2.Uniprot中拟南芥AAE3蛋白ID:Q9SMT7。

3.PubChem网站,网址为https://pubchem.ncbi.nlm.nih.gov。

三、操作步骤

1.查看苯丙氨酸(Phenylalanine)代谢通路。

(1)打开KEGG网站。

(2)在空白搜索框中直接输入关键词phenylalanine。

(3)单击Search。

(4)单击第一行蓝色链接map00360。

(5)显示苯丙氨酸代谢通路简介(图3-12)。

结果包括该代谢通路条目Entry、名称Name、类别Class、图谱Pathway map和模块Module等基本信息;单击蓝色字体链接,可以进一步查看具体信息。

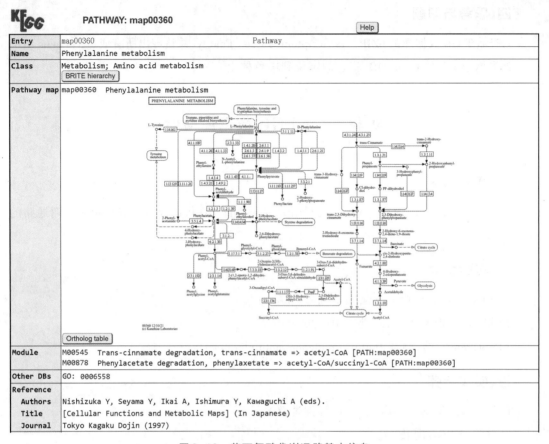

图 3-12　苯丙氨酸代谢通路基本信息

（6）单击 Pathway map 中的 map00360。

（7）显示苯丙氨酸代谢通路详细信息（图 3-13）。

结果中，矩形框里数字如 5.1.1.11 是 EC 编号，表示催化反应的酶；空白圆圈表示代谢反应中的化合物；箭头代表反应进行方向；圆角矩形表示其他代谢途径；代谢通路图可以单击菜单栏 Download 选项进行保存。

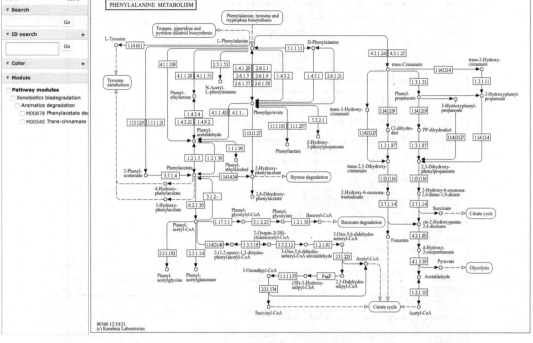

图3-13　苯丙氨酸代谢通路图

2.通过AAE3蛋白ID(Q9SMT7)查看其参与的代谢通路。

(1)打开KEGG网站。

(2)单击菜单栏Databases,单击下拉菜单中Genes。

(3)滚动鼠标至网页底部,找到Gene Identifier conversion。

(4)找到空白输入框,输入蛋白ID(Q9SMT7)。

(5)单击输入框左边NCBI-ProteinID,下拉菜单选择Uniprot。

(6)单击Go。

(7)显示拟南芥AAE3基因详细信息(图3-14)。

结果中包括基因ID(Entry)、基因俗名Symbol、酶功能注释及分类Name KO、物种Organism以及其参与的代谢通路Pathway等相关信息。

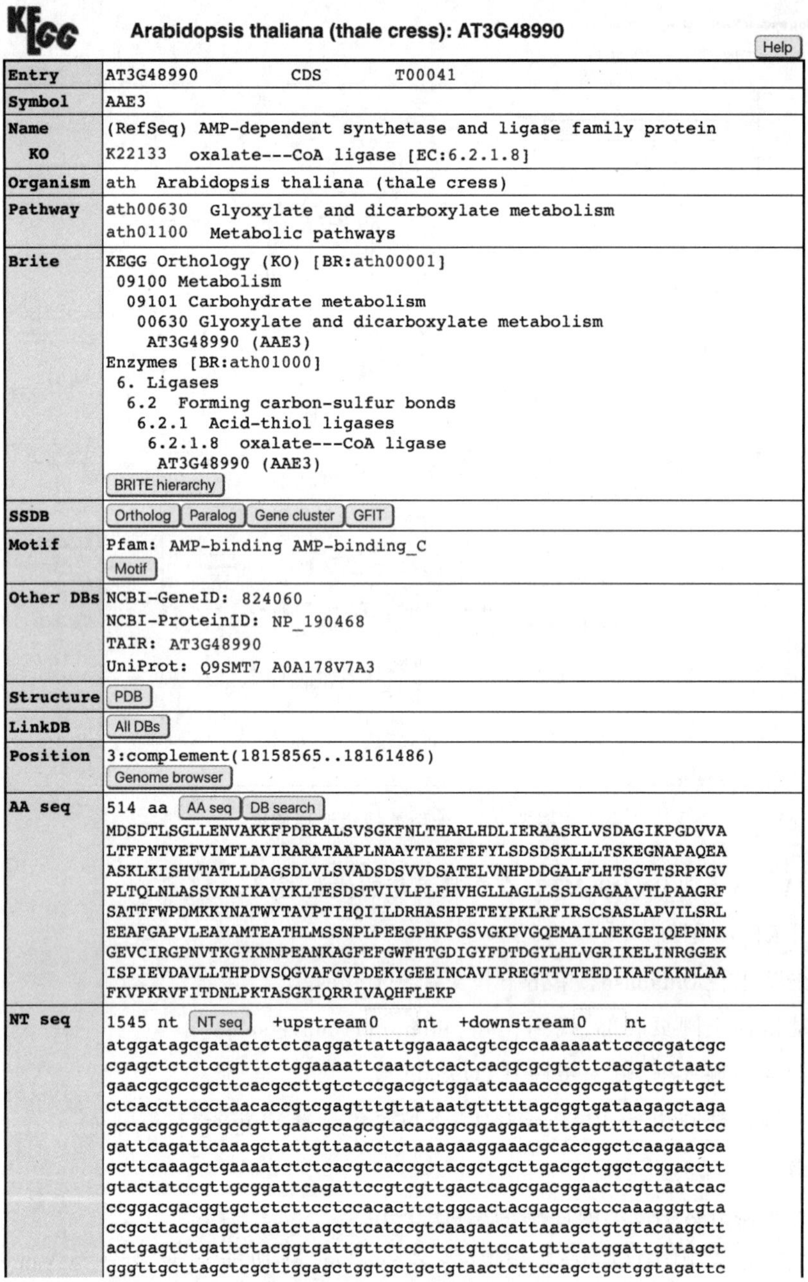

KEGG Arabidopsis thaliana (thale cress): AT3G48990 Help

Entry	AT3G48990　CDS　T00041
Symbol	AAE3
Name KO	(RefSeq) AMP-dependent synthetase and ligase family protein K22133 oxalate---CoA ligase [EC:6.2.1.8]
Organism	ath Arabidopsis thaliana (thale cress)
Pathway	ath00630 Glyoxylate and dicarboxylate metabolism ath01100 Metabolic pathways
Brite	KEGG Orthology (KO) [BR:ath00001] 09100 Metabolism 09101 Carbohydrate metabolism 00630 Glyoxylate and dicarboxylate metabolism AT3G48990 (AAE3) Enzymes [BR:ath01000] 6. Ligases 6.2 Forming carbon-sulfur bonds 6.2.1 Acid-thiol ligases 6.2.1.8 oxalate---CoA ligase AT3G48990 (AAE3) BRITE hierarchy
SSDB	Ortholog Paralog Gene cluster GFIT
Motif	Pfam: AMP-binding AMP-binding_C Motif
Other DBs	NCBI-GeneID: 824060 NCBI-ProteinID: NP_190468 TAIR: AT3G48990 UniProt: Q9SMT7 A0A178V7A3
Structure	PDB
LinkDB	All DBs
Position	3:complement(18158565..18161486) Genome browser
AA seq	514 aa AA seq DB search MDSDTLSGLLENVAKKFPDRRALSVSGKFNLTHARLHDLIERAASRLVSDAGIKPGDVVA LTFPNTVEFVIMFLAVIRARATAAPLNAAYTAEEFEFYLSDSDSKLLLTSKEGNAPAQEA ASKLKISHVTATLLDAGSDLVLSVADSDSVVDSATELVNHPDDGALFLHTSGTTSRPKGV PLTQLNLASSVKNIKAVYKLTESDSTVIVLPLFHVHGLLAGLLSSLGAGAAVTLPAAGRF SATTFWPDMKKYNATWYTAVPTIHQIILDRHASHPETEYPKLRFIRSCSASLAPVILSRL EEAFGAPVLEAYAMTEATHLMSSNPLPEEGPHKPGSVGKPVGQEMAILNEKGEIQEPNNK GEVCIRGPNVTKGYKNNPEANKAGFEFGWFHTGDIGYFDTDGYLHLVGRIKELINRGGEK ISPIEVDAVLLTHPDVSQGVAFGVPDEKYGEEINCAVIPREGTTVTEEDIKAFCKKNLAA FKVPKRVFITDNLPKTASGKIQRRIVAQHFLEKP
NT seq	1545 nt NT seq +upstream 0 nt +downstream 0 nt atggatagcgatactctctcaggattattggaaaacgtcgccaaaaaattccccgatcgc cgagctctctccgtttctggaaaattcaatctcactcacgcgcgtcttcacgatctaatc gaacgcgccgcttcacgccttgtctccgacgctggaatcaaacccggcgatgtcgttgct ctcaccttccctaacaccgtcgagtttgttataatgtttttagcggtgataagagctaga gccacggcggcgccgttgaacgcagcgtacacggcggaggaatttgagttttacctctcc gattcagattcaaagctattgttaacctctaaagaaggaaacgcaccggctcaagaagca gcttcaaagctgaaaatctctcacgtcaccgctacgctgcttgacgctggctcggacctt gtactatccgttgcggattcagattccgtcgttgactcagcgacggaactcgttaatcac ccggacgacggtgctctcttcctccacacttctggcactacgagccgtccaaagggtgta ccgcttacgcagctcaatctagcttcatccgtcaagaacattaaagctgtgtacaagctt actgagtctgattctacggtgattgttctccctctgttccatgttcatggattgttagct gggttgcttagctcgcttggagctggtgctgctgtaactcttccagctgctggtagattc

图3-14　AAE3酶的基本信息

(8)单击Pathway中的ath00630。

(9)显示AAE3参与的代谢通路图(图3-15)。

结果中,左侧ID search框,显示AAE3基因ID(AT3G48990);右侧则是AAE3参与的乙醛酸和二羧酸代谢通路完整图;通路图右侧红色(见二维码中彩图)突出显示的酶6.2.1.8就是AAE3所在的位置,由此可判断AAE3酶可催化Oxalate生成Oxalyl-CoA。代谢通路图可以单击菜单栏Download选项进行保存。

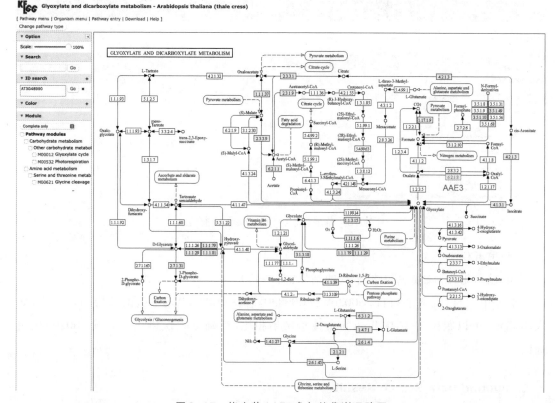

图3-15　拟南芥AAE3参与的代谢通路图

3.通过化合物名称或化学式查看其所在的代谢通路。

（1）打开KEGG网站。

（2）单击菜单栏Databases，单击下拉菜单中Chemical。

（3）找到两个空白输入框。

左边输入框可以通过输入化合物名称、C原子数量和化学式进行搜索（Search COMPOUND by C number, name and formula）；右边输入框可以通过精确分子量进行搜索（or by exact mass (eg. 100, 100-200)）。

（4）在左侧输入框中输入Oxalic acid ($C_2H_2O_4$)。

如果只知道化合物名称，可以通过NCBI网站中PubChem进行搜索确定化合物的详细信息包括分子量。打开PubChem，在输入框中输入Oxalic acid，单击右侧　进行搜索，结果如图3-16所示；结果中BEST MATCH通常是最佳匹配结果，包括草酸的MF分子式、MW分子量以及IUPAC Name名称等信息。

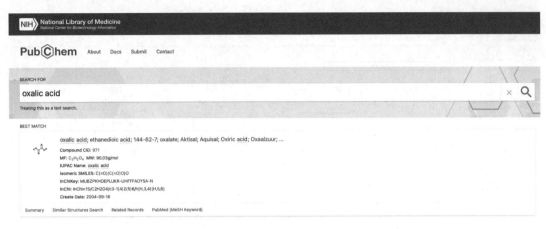

图 3-16 草酸化合物 PubChem 搜索结果

（5）单击 Go。

（6）显示化合物数据库中搜索到的结果（图 3-17）。

结果中，只出现两个条目，C00209 和 C00830。其中 C00209 是草酸的结构和化学式，如果不确定，可以跟图 3-16 中 PubChem 搜索结果相比较，确定无误再单击查看 C00209 代谢通路。

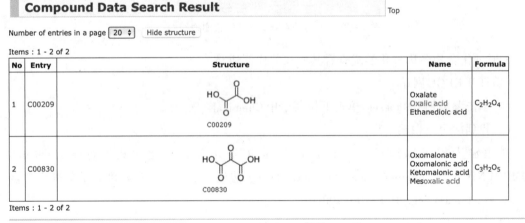

图 3-17 KEGG Chemical 数据库草酸搜索结果

（7）单击 C00209。

（8）显示 COMPUOUND: C00209 的基本信息（图 3-18）。

COMPOUND: C00209

Help

Entry	C00209 Compound
Name	Oxalate; Oxalic acid; Ethanedioic acid
Formula	C2H2O4
Exact mass	89.9953
Mol weight	90.0349
Structure	 HO$-$C($=$O)$-$C($=$O)$-$OH C00209 [Mol file] [KCF file] [DB search]
Reaction	R00273 R00338 R00466 R00522 R00646 R01558 R01559 R07290 R09157 R09486 R10614 R11617
Pathway	map00230　Purine metabolism map00625　Chloroalkane and chloroalkene degradation map00630　Glyoxylate and dicarboxylate metabolism map01100　Metabolic pathways map01120　Microbial metabolism in diverse environments
Enzyme	1.2.3.4　　　　1.2.3.5　　　　1.2.7.10　　　2.8.3.2 2.8.3.16　　　2.8.3.19　　　3.5.1.126　　3.7.1.1 3.8.1.-　　　　4.1.1.2　　　　6.2.1.8
Brite	Compounds with biological roles [BR:br08001] 　Organic acids 　　Carboxylic acids 　　　Dicarboxylic acids 　　　　C00209　Oxalate [BRITE hierarchy]
Other DBs	CAS: 144-62-7 PubChem: 3509 ChEBI: 16995 30623 KNApSAcK: C00001198 PDB-CCD: OXD[PDBj] OXL[PDBj] 3DMET: B00059 NIKKAJI: J2.954H
LinkDB	[All DBs]
KCF data	[Show]

图 3-18　化合物草酸在 KEGG Chemical 中的基本信息

（9）单击 Pathway 中的 map00630。

（10）显示草酸代谢通路图（图 3-19）。

与图 3-15 相比，图中代表草酸的小圆圈是高亮显示，快速定位草酸所在代谢通路中的位置。

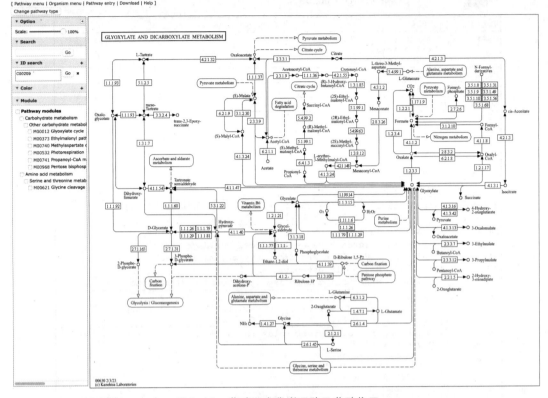

图 3-19　草酸所在代谢通路及草酸位置

四、思考与习题

1. 查看番茄红素 Lycopene 所在代谢通路。

2. 图 3-15 和图 3-19 代谢通路有何区别？这种区别的具体含义是什么？

3. 操作步骤 2 中，如果只知道蛋白质序列，该如何在 KEGG 中定位其参与的代谢通路？

项目四　序列比对

序列比对是利用计算机算法和程序,比较两个或多个核酸或蛋白质序列的异同。比对的基本目的是寻找序列之间的相似性和差异性,从而揭示它们之间的特征与潜在关联。通过对不同物种的DNA或蛋白质序列进行比较,可以推断它们之间的进化关系,相似的序列通常意味着共同的祖先,而差异则暗示进化过程中存在分化。序列比对可以帮助我们推测一个未知序列的功能,还可以揭示序列背后的结构信息。在基因组学和遗传学研究中,序列比对则可以用来识别个体之间的遗传变异和突变,从而发现单核苷酸多态性(single-nucleotide polymorphism,SNP)、插入(insertion)、缺失(deletion)和结构变异(structure variation,SV)等变异类型,继而研究其与表型之间的关联,探索基因的生物学功能。此外,序列比对在药物靶点鉴定、药物耐药性研究、个体化治疗和新药发现等方面有着重要意义,有助于研究人员设计更具针对性的药物和治疗方案。

实验一　在线序列比对

一、实验目的

利用NCBI网站的BLAST(Basic Local Alignment Search Tool)在线工具,熟练掌握基因序列、蛋白质序列比对的操作技术。

二、实验原理

BLAST是一种用于在生物信息学中寻找相似序列的工具,其原理是基于局部序列比对的概念,通过将待查询序列与数据库中已知序列进行比对,找出最佳相似性匹配。

三、实验材料

1.BLAST在线工具,网址为 https://blast.ncbi.nlm.nih.gov/Blast.cgi。

2.基因序列 D01：ATGGCTAAGTTTGTTTCCATCATCACCCTTCTCTTCGCTGCTCTCGT
TCTCTTTGCTGCTTTTGATGCACCAACAATGGTGAAAGCGCAGAAGTTGTGCGAGAGGT
CTAGTGGGACATGGTCAGGAGTATGTGGAAATAACAATGCTTGCAAGAACCAGCGCAT
CAACCTTGAGGGAGCACGACATGGATCTTGCAACTATGTTTTCCCATATCACAGGTGTA
TCTGCTACTTCCCATGTTAA。

3.蛋白质序列 D02：MAKFVSIITLLFAALVLFAAFDAPTMVKAQKLCERSSGTWSGVCGN
NNACKNQRINLEGARHGSCNYVFPYHRCICYFPC。

D01.txt文件   D02.txt文件

四、操作步骤

（一）核苷酸序列比对

1.打开 NCBI 的 BLAST 网站，如图 4-1 所示，可见到 4 个模块，分别为 Nucleotide BLAST、blastx、tblastn 和 Protein BLAST，以 Nucleotide BLAST 和 Protein BLAST 最为常用。Nucleotide BLAST 是输入一条核苷酸序列，并在核苷酸数据库中进行两两比对；Protein BLAST 则是输入一条多肽链，并在蛋白质数据库中进行两两比对。

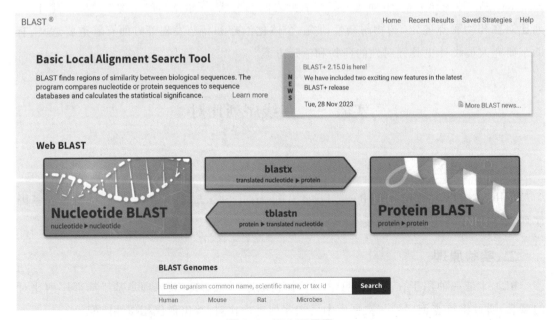

图 4-1 BLAST 网页

2.单击 Nucleotide BLAST。

3.将实验材料中的基因序列粘贴到输入框中。

4.Choose Search Set中的Databases采用默认值,即Standard databases (nr etc.)。

5.单击 BLAST 。

6.显示结果(图4-2)。

结果中,Description、Scientific Name、Common Name、Taxid、Max Score、Total Score、Query Cover、E value、Per. Ident、Acc. Len与Accession分别为基因定义、学名、俗名、分类号、最大分值、总分、覆盖率、E值、相似性、序列长度和登录号。

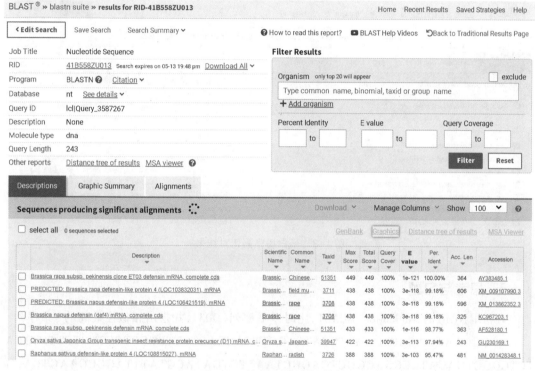

图4-2 基因序列比对结果

(二)蛋白质序列的比对

1.打开NCBI的BLAST网站。

2.单击Protein BLAST。

3.将实验材料中的蛋白质序列粘贴到输入框中。

4.Choose Search Set中的Databases采用默认值,即Standard databases (nr etc.)。

5.单击 BLAST 。

6.显示结果(图4-3)。

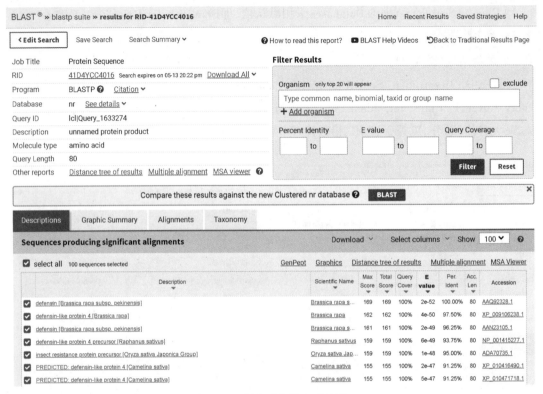

图4-3 蛋白质序列比对结果

五、思考与习题

1.利用NCBI的Nucleotide BLAST,比对以下序列(D03),并指出相似性最高的3条序列。

ATGGCAAAGACCCTCAATTCCATCTGCTTCACCACTCTTCTGCTCGTTCTCTTGTTCA
TCTCGGCTGAGATCCCGACGGCTGAGGCTAATTGTGATACGTATTTAGGCGAAGTCACA
GTGTATTACCCATGTAGGGAAAGAGACTGTGAAGCCCAATGCTATGAGCATTACCCACA
CTCATGTAAAGGAGAGTGTGAGCATCATGACCACGTAGTGCATCATGACAACGAAGAA
GAGCATTGCCACTGCTACGGTCGTTGA。

2.利用NCBI的Protein Blast,比对以下序列(D04),并指出相似性最高的5条序列。

MSSNCGSCDCADKTQCVKKGTSYTFDIVETQESYKEAMIMDVGAEENNANCKCKCGSS
CSCVNCTCCPN

D03.txt 文件　　　　D04.txt 文件

实验二　本地序列比对

一、实验目的

利用 ClustalX 和 GeneDoc 软件,熟练掌握序列比对和序列比对图生成的操作技术。

二、实验材料

1. 软件 ClustalX 2.1 和 GeneDoc 2.6.002,或其他版本。

ClustalX 可到 http://www.clustal.org/download/下载(图 4-4),用户可根据操作系统下载 Linux 版、DOS 版的 ClustalW 及 Windows 版的 ClustalX,然后安装。

Index of /download

Name	Last modified	Size	Description
Parent Directory		-	
1.X/	2010-06-10 16:00	-	
2.0.3/	2010-06-10 16:00	-	
2.0.4/	2010-06-10 16:00	-	
2.0.5/	2010-06-10 16:00	-	
2.0.6/	2010-06-10 16:00	-	
2.0.7/	2010-06-10 16:00	-	
2.0.8/	2010-06-10 16:00	-	
2.0.9/	2010-06-10 16:00	-	
2.0.10/	2010-06-10 16:00	-	
2.0.11/	2010-06-10 16:00	-	
2.0.12/	2010-11-17 12:08	-	
2.1/	2011-01-13 09:36	-	
LICENSE	2010-11-17 11:59	7.5K	
clustalw_help.txt	2010-06-04 10:06	33K	
clustalx_help.html	2010-06-04 10:06	68K	

图 4-4　Clustal 软件下载页面

2. 序列文件 SODPRO.fasta,文件中共有 11 条超氧化物歧化酶(superoxide dismutase, SOD)序列。

三、操作步骤

(一)序列比对

1. 双击 ClustalX2 图标,出现软件界面(图 4-5)。

SODPRO.fasta 文件

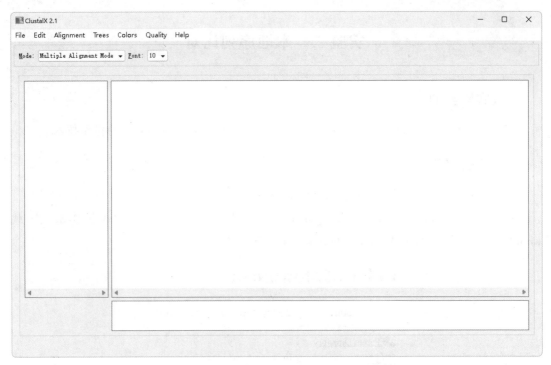

图4-5　ClustalX2软件界面

2.在File菜单中单击Load Sequences,找到SODPRO.fasta文件,单击打开(图4-6),结果如图4-7所示。需要注意的是,ClustalX2不支持中文路径和中文文件名,因此数据文件应放在英文路径中,主文件名为英文。

图4-6　打开fasta格式的序列文件

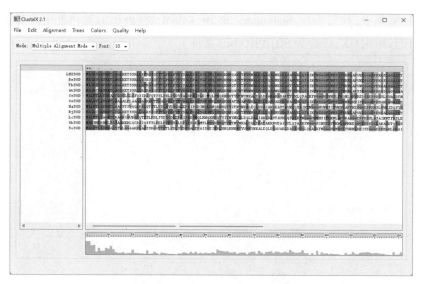

图4-7 打开SODPRO.fasta文件界面

3.在Alignment菜单中,找到Do Complete Alignment并单击,得到如图4-8所示的对话框,单击OK输出引导树(guide tree)和比对文件(alignment files),比对结果如图4-9所示。

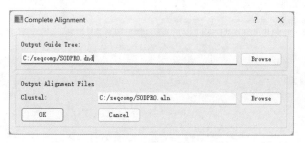

图4-8 输出引导树

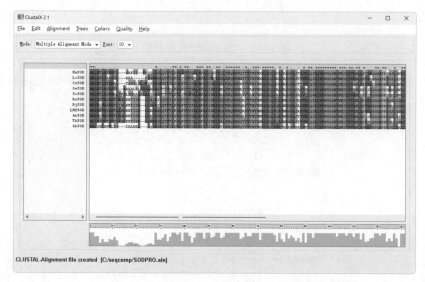

图4-9 比对结果

4.在 File 菜单中,找到 Save Sequences as …并单击,在弹出的对话框中选择输出文件的格式(图 4-10),单击 OK,保存为 SODPRO.msf 文件。

图 4-10　输出文件格式的选择

(二)序列比对图的绘制

1.双击 GeneDoc 图标,打开软件界面(图 4-11)。

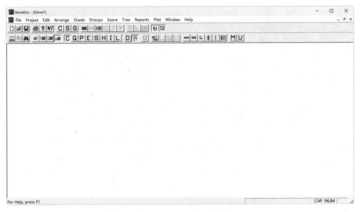

图 4-11　GeneDoc 软件界面

2.在 File 菜单中找到 Open 并单击,选择 SODPRO.msf 文件打开(图 4-12),得到如图 4-13 所示的结果。

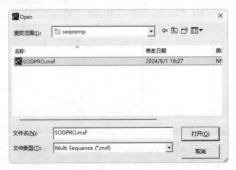

图 4-12　打开 msf 格式的文件

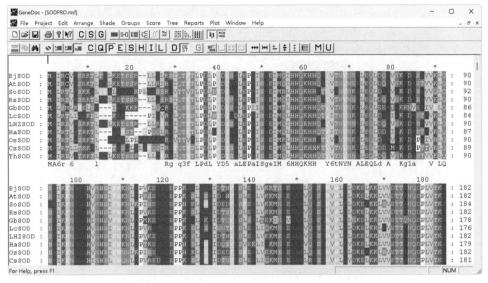

图4-13　序列显示

3.在Project菜单中找到Configure并单击,打开参数设置页面(图4-14)。修改Font Settings的Points可改变文字大小,单击Normal可切换成Bold,把文字加粗;Seq Block Sizing可调整区块的大小,如Fixed的数字为50,则表示每行的核苷酸或氨基酸数量为50;Consensus Line用于调整共有序列的位置,有3个选项,分别为Live Above、Line Below和No Consensus,后者指不显示共有序列。Property用来调整文字颜色和底色,如对当前的配色不满意,可通过Text Color和Back Color进行调整(图4-15)。

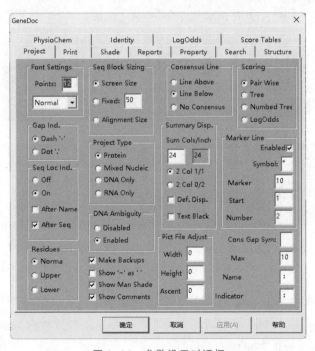

图4-14　参数设置对话框

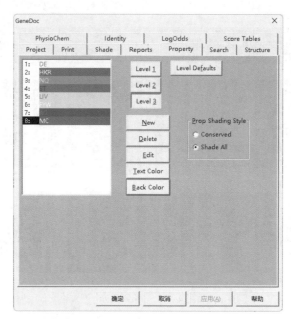

图4-15　Property参数的设置

将Points设为10,Normal改为Bold,Seq Block Sizing的Fixed设成130,Consensus Line选择No Consensus,再在Property中对部分文字和底色进行调整,单击确定,修改参数后的序列比对结果如图4-16所示。

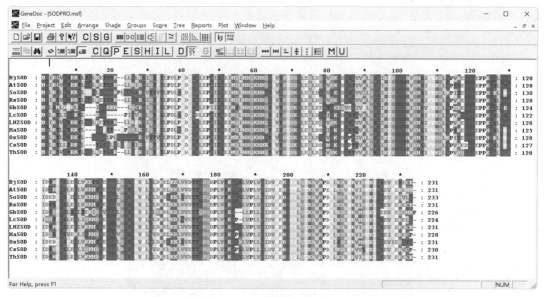

图4-16　参数修改后的结果

4.在Project菜单中单击Edit Sequence List,弹出Sequence Dialog对话框(图4-17)。可通过Move Up、Move Down、Move to Top和Move to Bottom等改变序列的顺序,也可以利用Sort Name对序列按名称进行排序。

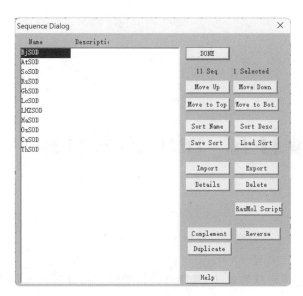

图4-17 Sequence Dialog界面

5.编辑、调整完成后,在Edit菜单中单击Select Blocks for Copy,选择需要复制的区块(图4-18),通过Ctrl + C复制到剪贴板,再粘贴到其他软件。

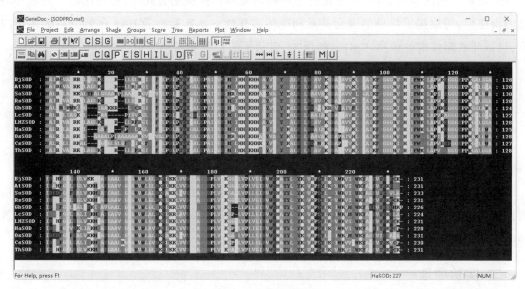

图4-18 区块的选择

五、思考与习题

1.以二穗短柄草(*Brachypodium distachyon*)CCCH蛋白序列(CCCH.fasta)为材料,利用ClustalX进行多重比对,并采用GeneDoc生成比对图。

2.在NCBI或TAIR数据库下载自己感兴趣的基因序列及其同源序列,利用ClustalX进行多重比对。

CCCH.fasta文件

项目五　DNA序列分析

　　DNA作为生物遗传信息的载体,其序列的精确测定和分析为我们揭示生命的奥秘提供了前所未有的机遇。自20世纪70年代发明DNA测序技术以来,技术的进步使得我们能够更快速、更准确地解读DNA序列,给基因组学、医学、进化生物学以及众多应用领域带来了革命性的变化。DNA序列分析是生物信息学的重要内容之一,通过分析我们可在了解DNA序列组成和结构的基础上,更好地理解序列的功能和调控机制。此外,通过比较不同物种的基因组序列,可以揭示物种的进化关系和遗传多样性。本实验涉及DNA序列分析的多项内容,包括开放阅读框的预测、CpG岛的预测、启动子的预测和密码子偏好性分析等。

实验一　开放阅读框的预测

一、实验目的

　　开放阅读框(open reading frame,ORF)是起始密码子和终止密码子之间,具有编码蛋白质潜能的序列。本实验利用GENSCAN和Open Reading Frame Finder(ORFfinder)在线工具预测开放阅读框,要求熟练掌握预测方法。

二、实验原理

　　GENSCAN是一个广泛使用的基因预测工具,用于识别、注释真核生物基因组中的基因和ORF。其预测原理基于统计模型和隐藏马尔可夫模型(Hidden Markov Model, HMM),能够结合DNA序列的特征和已知基因结构信息进行准确预测。ORFfinder则按顺序识别所有开放阅读框或可能的蛋白质编码区,并根据用户设定的参数过滤不符合条件的ORF,确保结果的准确性和可靠性。

三、实验材料

1.GENSCAN在线工具,网址为http://hollywood.mit.edu/GENSCAN.html。

2.Open Reading Frame Finder在线工具,网址为https://www.ncbi.nlm.nih.gov/orffinder。

3.拟南芥的E01序列:

ACTAATTAATTAGTTTTTTTTTTCTCCTTTCCAAAACAATGGAGAATTTCGTCGACG
AGAATGGTTTTGCTTCTCTAAACCAAAACATCTTCACACGTGATCAAGAACACATGAAA
GAAGAAGATTTTCCATTCGAAGTCGTCGACCAATCAAAACCTACAAGCTTTCTTCAAGA
TTTTCACCATCTTGATCATGATCATCAGTTTGATCATCATCATCATCATGGCTCCTCATCT
TCACATCCTTTGCTCAGCGTCCAAACTACGTCTTCTTGTATCAATAATGCTCCTTTCGAGC
ATTGCTCTTACCAAGAAAACATGGTCGATTTCTATGAAACTAAACCAAATTTGATGAAT
CATCATCATTTCCAAGCAGTGGAAAACTCATACTTCACTCGTAATCATCATCATCATCAA
GAGATCAATTTGGTCGATGAACATGATGATCCTATGGACTTGGAGCAAAACAACATGAT
GATGATGAGGATGATCCCTTTTGATTACCCTCCTACAGAGACTTTCAAACCTATGAACTT
CGTAATGCCAGATGAAATTTCATGTGTTTCTGCAGATAATGATTGTTATAGAGCAACAA
GTTTCAACAAGACCAAACCATTTCTTACACGAAAGTTGTCTTCTTCTTCTTCATCATCATC
ATGGAAAGAAACCAAAAAGTCAACCTTAGTCAAAGGACAATGGACTGCTGAAGAAGAC
AGGTTCGTTATTAACACAAGAAACCTCAAGAATCAATTAACATAATCAAGACTTTTGAT
GATTACACTATTCTAGAGGTTTTTACTATAGTCACCCGTTTTTGCTTGTAAATGAAGTTTT
CTTGTTTTGGATAATATAGGGTACTGATTCAACTCGTGGAGAAGTATGGATTGCGTAAAT
GGTCGCATATCGCTCAAGTGTTACCGGGAAGAATCGGGAAACAATGTAGAGAGAGGTG
GCATAACCATTTGAGACCTGACATTAAGGTATTTTACTAGTAGCTATAAGATCATGTATT
GATGATTATGGAACCTAAAAGATAAAGATTGTTGCAGAAAGAAACATGGAGTGAAGAA
GAGGACAGAGTGTTGATAGAATTTCACAAAGAGATTGGAAACAAATGGGCAGAGATTG
CGAAAAGACTCCCGGGAAGAACAGAGAACTCGATCAAGAACCATTGGAACGCAACAAA
AAGAAGACAATTCTCTAAAAGAAAATGTAGATCTAAGTATCCAAGACCTTCTCTGTTGC
AGGATTACATCAAGAGCTTGAATATGGGAGCTTTGATGGCTTCTTCTGTTCCTGCAAGAG
GTAGACGCAGAGAGAGTAATAACAAGAAGAAGGATGTTGTTGTTGCGGTTGAGGAGAA
GAAGAAGGAAGAGGAGGTGTATGGACAAGACAGGATTGTGCCTGAATGTGTGTTTACT
GATGATTTTGGATTCAATGAGAAGCTGCTTGAGGAAGGATGTAGCATTGACTCTTTGCTT
GATGACATTCCTCAGCCTGACATTGATGCTTTTGTTCATGGACTCTGATTTGTATTTTTTA
TTCTGCTTGTTTCAGTTTTGTTGTTTTTTGTTTGTCTTTTTATACGAGACAGATTCCACCAA
ACTTCAATAATTTGAAAAGATATAAAATATTTTGCTTTTTAAAAACATGTTGATGTTGAA
ACAATAGAAACCTAACTTGCGGAACCCGCCAAGACTTGTTGCTAAAATAAGAACATTAC
TTAACTTGTGGCTCAAGCAACCATATGAAAATTTATAAAACAACCAAAACACATATGAT
CAATCTTTCAAAATACAAACATAACGTATCTTCTCTTAGCAATCGATCAAAAGACAGTT

CAGAGAAAGGGAAGTCGTATCGGTTTTGGAGACGAAAGGATTGATACGAA
CCCAAACAAGTGAAAACACAGAAGCAAGCAAGATAGACCAGAGAATAAC
AATAGTAGGTGTTCTGTTTTGTCTTCCCATAAGACCTTTGAGGAATGGATA
AAGATGAAGAATCACCCAAAAGGCGAAAAATACCTTCCCAAACAAAGGTC
CCCAAGCTTCATAACCTTTGTTAAGAGCGTCAGAG

E01.txt 文件

四、操作步骤

（一）利用 GENSCAN 预测 ORF

1. 在浏览器中输入 http://hollywood.mit.edu/GENSCAN.html，打开 GENSCAN 页面（图 5-1）。

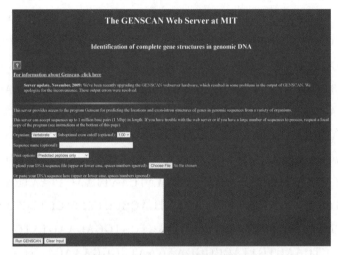

图 5-1　在线工具 GENSCAN 页面

2. 将 E01 序列粘贴至输入框，Organism 选择 Arabidopsis，其他采用默认值，单击 Run GENSCAN 按钮运行程序（图 5-2）。

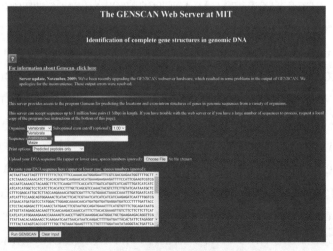

图 5-2　输入序列

3.预测结果如图3所示,在+39~+715、+853~+979和+1247~1528位预测到3个ORF,长度分别为677bp、127bp和282bp。此外,在+1708~+1713预测到加尾信号(图5-3)。

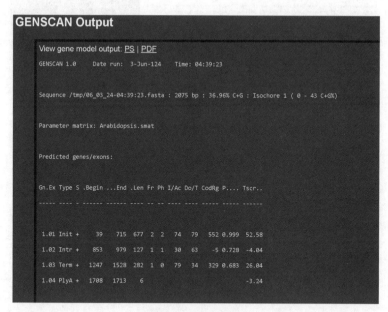

图5-3 预测结果

(二)利用Open Reading Frame Finder预测ORF

1.在浏览器中输入 https://www.ncbi.nlm.nih.gov/orffinder,打开 Open Reading Frame Finder的主页面(图5-4)。

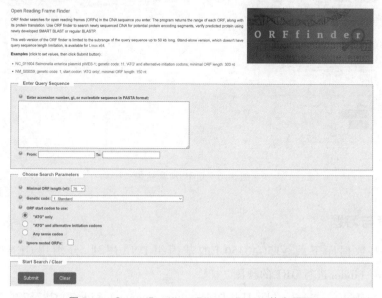

图5-4 Open Reading Frame Finder的主页面

2.将E01序列粘贴至输入框,最小密码子长度(minimal ORF length)、遗传密码(genetic

code)和ORF起始密码子(ORF start codon to use)等采用默认值(图5-5)。

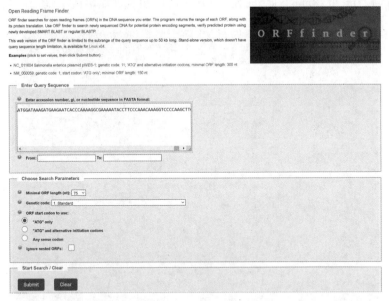

图5-5 序列输入

3.单击Submit按钮,得到如图5-6所示的结果。

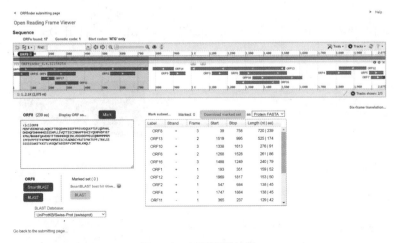

图5-6 ORF预测结果

五、思考与习题

1.从TAIR数据库下载AT5G40350.1的基因组DNA序列,分别用GENSCAN和Open Reading Frame Finder进行ORF的预测。

https://v2.arabidopsis.org/servlets/TairObject?type=sequence&id=2002975226

2.除GENSCAN和Open Reading Frame Finder外,还有哪些在线工具可用于ORF的预测?

实验二　CpG岛的预测

一、实验目的

CpG岛(CpG island)是指基因组DNA中富含CpG二核苷酸的一些序列,这些序列通常位于基因启动子的附近,对基因的表达起着重要作用。实验利用EMBOSS Cpgplot对核苷酸序列进行CpG岛预测,并熟练掌握操作方法。

二、实验原理

EMBOSS Cpgplot工具通过滑动窗口分析方法,结合GC含量和ObsCpG/ExpCpG比值的统计与计算,识别和绘制DNA序列中的CpG岛。

三、实验材料

1.在线工具,网址为https://www.ebi.ac.uk/jdispatcher/seqstats/emboss_cpgplot。

2.核苷酸序列E02:

AATAATGGAAGGGAAAGAAGAGGATGTTCGAGTGGGAGCTAACAAGTTCCCGGAG
AGGCAACCGATAGGTACATCGGCTCAGACGGACAAAGACTACAAGGAGCCACCACCAG
CTCCATTTTTCGAGCCAGGCGAGCTGAGTTCGTGGTCCTTCTACAGAGCCGGAATCGCCG
AGTTCATAGCCACCTTCCTGTTTCTATACATAACAGTATTGACAGTGATGGGAGTGAAG
AGAGCACCAAACATGTGTGCCTCTGTTGGAATCCAAGGCATTGCTTGGGCTTTCGGTGG
CATGATCTTTGCCCTTGTCTACTGTACTGGAATCTCTGGTGGGCACATAAACCAGC
GGTGACATTTGGTCTGTTCTTGGCTCGTAAGCTGTCATTGACGAGAGCTGTCTTTTACAT
CGTGATGCAATGTCTCGGAGCCATCTGCGGCGCCGGAGTTGTCAAAGGCTTCCAGCCAA
ATCCTTACCAAACTCTCGGCGGAGGAGCCAACACAGTCGCTCACGGTACACTAAGGGC
TCTGGTTTGGGTGCTGAGATAATCGGAACCTTCGTCCTTGTCTACACGGTCTTCTCCGCC
ACTGACGCCAAGAGAAGCGCTCGTGACTCCCACGTTCCGATTTTGGCACCACTCCCAAT
CGGATTCGCTGTGTTCTTGGTTCACTTGGCGACGATTCCAATCACCGGAAC
AGGAATTAACCCAGCTAGGAGTCTTGGAGCTGCAATCATCTACAACAAGG
ACCACGCTTGGGACGACCACTGGATATTCTGGGTCGGACCATTCATTGGAG
CAGCTCTTGCGGCTCTTTACCACCAACTTGTCATCAGAGCCATTCCATTCAA　E02.txt文件
GTCCAGATCCTGA

四、操作步骤

1. 在浏览器中输入 https://www.ebi.ac.uk/jdispatcher/seqstats/emboss_cpgplot,打开
EMBOSS Cpgplot界面(图5-7)。

图 5-7　EMBOSS Cpgplot主页面

2.将核苷酸序列E02粘贴至输入框(图5-8),单击Submit,弹出运行界面(图5-9)。

图 5-8　输入序列

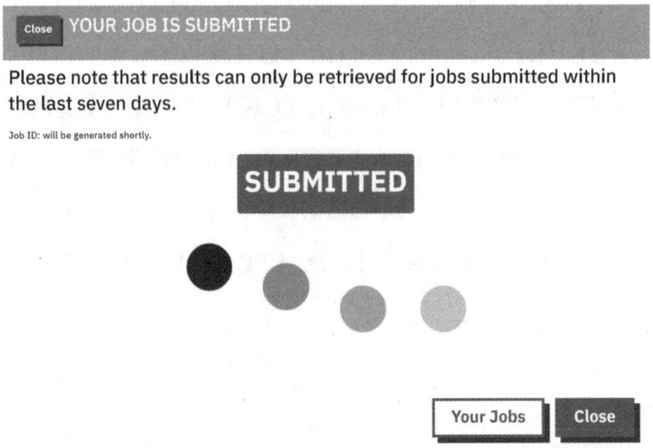

图 5-9　序列提交后的界面

3.运行结束后,出现如图5-10所示的页面。

图5-10　程序运行结束的提示

4.单击 View Results 显示运行结果,预测到 1 个 CpG 岛,位于+355~+738位(图5-11)。

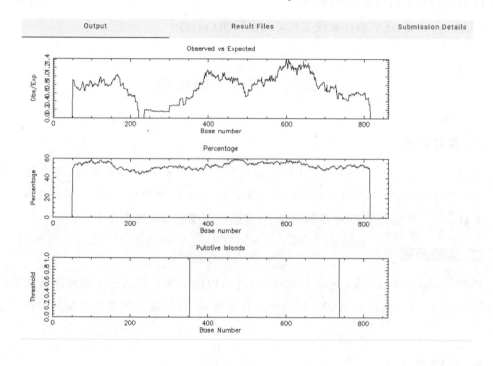

图5-11　运行结果

五、思考与习题

1.利用 EMBOSS Cpgplot 预测 E03 序列的 CpG 岛。

E03序列:ATGGAAAGACAAAATAAATGACGAGGAAAACAGAAACCGGATCAAGAT
TCAGAGAATTGTGACTTGATCCACTTGGCACACATGCATAGATATATAGTCACAGCATG
GATAGTAGTATACATACACATTTACACAGTACCATTGTTATGTATATATTGAATCTTAAT
AAAGGAACTGTCCAGATTGAATGATCAGGTAAGATCAAGATGGCTACATCTGCTAGAA

GAGCATATGGATTCGGGAGAGCTGACGAGGCGACTCACCCGGACTCCATTAGAGCCACT
TTGGCTGAGTTTCTTTCCACGTTCGTCTTCGTCTTTGCTGGAGAAGGCTCAATCCTCGCTC
TAGACAAGTTGTATTGGGACACGGCGGCTCACACGGGGACAAACACGCCTGGAGGGTT
AGTTCTGGTGGCGTTAGCTCATGCATTGGCCTTGTTCGCGGCTGTTTCTGCAGCCATCAA
TGTCTCTGGTGGCCACGTCAACCCCGCTGTCACTTTTGCTGCTCTAATCGGAGGCAGGAT
CTCGGTCATTCGAGCTATCTACTATTGGGTTGCTCAGCTTATAGGTGCTATC
CTCGCTTGTCTCTTGTTGAGGCTTGCCACTAATGGCTTGAGACCAGTAGGTT
TCCATGTAGCATCAGGAGTTAGTGAGCTTCATGGGCTACTGATGGAGATCA
TACTTACATTTGCTTTGGTTTATGTTG。

E03.txt 文件

2.除 Cpgplot 外,还有哪些在线工具可用来预测 CpG 岛?

实验三　启动子的预测

一、实验目的

启动子(promoter)是 DNA 分子中的特定序列,它位于结构基因的 5′端,负责转录的起始。在真核生物中,每个基因通常都有自己独立的启动子;而原核生物中,多个基因常常共享一个启动子。实验利用 TSSP 预测启动子,掌握该在线工具的操作技术。

二、实验原理

TSSP(Transcription Start Site Prediction)是一种用于预测启动子区域和转录起始位点的生物信息学工具,通过识别 DNA 序列中的特定特征、信号来预测启动子区域和转录起始位点。

三、实验材料

1.TSSP 在线工具,网址为 http://www.softberry.com/berry.phtml?topic=tssp&group=programs&subgroup=promoter。

2.序列 E04:

ACGATTATATCGTATTGGGCCTTATTAGAGCCTATTGGGCTCGAGTTGATTTGTCGT
AAAGACTTGGTCTGTGGTTTAATCAATCTCTCATGCCTCAAAGTGTTGACTGATTCAGAG
GCCGTTTTAGTGTTTTGAGCCCACGTCAGAAGCTTGTCTGTCGTCTGTGTGTATAAAACA
AAATTCAATTCACGATTTTTTAAAATATTGATCGTATCTTTTTCCACATGTATGTAAGCA
ATGAAGGATCTGCTTCGTTGCAAAATATTAGTTTTTCTTTTGATAGGCATGTACCAACTA
AGTACCAGCTACGTACACAGACAAAGTCAGTAACAATTAAAATTCATCAACCTAGTCAT
TGCTTGTTCATCAATCAACCTAATCATTTGTTTGCTTGTTAAATAACAATGCCAACGTTA

TTATTTCTATTTCTATACTATCATACATTCATACGGTCCACGCCTCTAACAAAAAAGAT
ATTGATAAAATTTAAAAGATAGATAATTCGATGAAATGAATTATAATGAAATGTGATTT
GTACAACTGAGAAAGGATGTCATATACGGACTTTGGTCGGGACCGCCCCAGTAAACACC
ACCAACACATATTTGCCTCTTCAACCACGTGTCGTGATTCTGTTGGTTGGGCAGCTAGAC
GACTGTGATGTGTGTGTGTGGGTTGCGTTTCGAAAAATGGCAAACCCCACCACTAGTTC
AATAAAAGGTGTTTCTTAATCATATAGTTTAGCTTCGGATTATTTGTTTCCCTTTTCAGTT
TTTTAAAAATCGATATCTACAATAGAGTTAATCTGTTTATAAATTCAATTATTGTTCGGG
TAAGACAACATCAACAAAACTAATAGGGTTTGAATCCTAAACACTAAACTCCATTTAAC
TAGTAAAGTATGGCTCATATAGCGTTAAAAATATGTGAATTGATAACAACAACAGAGTT
TTGAATTTTATTTTTGTTAGGTTTGAATAGATTGATAGAAAAAGGAAAGTGGGAATAGG
GAAACGAACATGTGATCACAGAAAAGCAAAATCCATTTCTGAGCTGGAAACCCCCGCA
AAATTGAACCTTATCTCCAATTTTCATTTTCTTTTTTTCTAAAATATATATCGTTTAATTG
AAAAACCTCAAATTCACAATCATTGTGATTATTTTGTCACTAGTAGTACACATAGTAATT
TAATTAAACATTTTAAAAATACTCTAGGCCCGGCACAATGTTCGAGACTAT
GTTACTTTACATAAAGCAATCGCTTTCCACACACTTCTTTTCCTTTTCTTCTC
CAACGGTCGGAAGTAAATTATTAATTCGTCGACTAGTCAAAAAGTTAGTCC
TTTGTGAGTTTTCTGGCACTGTAATAT

E04.txt 文件

四、操作步骤

1. 在浏览器中输入 http://www.softberry.com/berry.phtml? topic=tssp&group=programssub-group=promoter，打开 TSSP 的主页面（图 5-12）。

Softberry　　　　　　　　　　　　　　　≡

TSSP

Used in more than 240 publications.

Reference: Solovyev VV, Shahmuradov IA, Salamov AA. (2010) Identification of promoter regions and regulatory sites. Computational Biology of Transcription Factor Binding, Volume 674 of the series *Methods in Molecular Biology*, 57-83.

TSSP / Prediction of PLANT Promoters (Using RegSite Plant DB, Softberry Inc.)

Paste nucleotide sequence here:

Alternatively, load a local file with sequence in Fasta format:
Local file name:
[Choose File] No file chosen

[Process] [Reset]

[Help]
[Example]

图 5-12　TSSP 主页面

2.将E04序列粘贴至输入框(图5-13),也可以通过Choose File按钮上传序列文件。

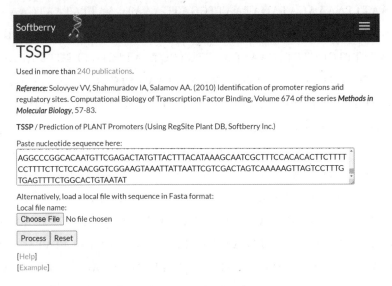

图5-13　输入序列

3.单击Process按钮,得到运行结果,共预测到2个TATA box,分别位于581bp和1245bp处,另外还列出了一些转录因子结合位点(transcription factor binding sites)(图5-14)。

```
> test sequence
Length of sequence-        1372
Thresholds for TATA+ promoters - 0.02, for TATA-/enhancers -  0.04
     2 promoter/enhancer(s) are predicted
Promoter Pos:     595 LDF-  0.03 TATA box at     581      17.81
Promoter Pos:    1282 LDF-  0.03 TATA box at    1245      18.80
Transcription factor binding sites/RegSite DB:
for promoter at position -       595
    474  (-)  RSP00005      CTWWWWWWGT
    415  (+)  RSP00024      TATTATTT
    565  (-)  RSP00026      gcttttgaTGACtTcaaacac
    334  (-)  RSP00026      gcttttgaTGACtTcaaacac
    410  (+)  RSP00076      AACGTT
    415  (+)  RSP00076      AACGTT
    463  (+)  RSP00092      TAACAAA
    449  (+)  RSP00097      ACGGTCCA
    372  (+)  RSP00151      CAANNNNATC
    470  (+)  RSP00161      WAAAG
    490  (+)  RSP00161      WAAAG
    416  (-)  RSP00401      TAACGT
    544  (-)  RSP00403      CAGTTG
    584  (-)  RSP00463      atttcatggCCGACctgcttttt
    584  (-)  RSP00464      acttgatggCCGACctctttttt
    584  (-)  RSP00465      aatatactaCCGACcatgagttct
    579  (-)  RSP00466      actaCCGACatgagttccaaaaagc
    487  (+)  RSP00477      TTTAA
    492  (+)  RSP00477      TTTAA
    399  (-)  RSP00477      TTTAA
    338  (-)  RSP00477      TTTAA
    307  (+)  RSP00502      TACGTA
```

图5-14　预测结果

五、思考与习题

1.从NCBI或TAIR数据库下载感兴趣基因的启动子序列,并利用TSSP进行分析。

2.除TSSP外,还有哪些启动子预测工具?

实验四　密码子偏好性分析

一、实验目的

密码子偏好性(codon usage bias)是指不同生物在编码同一氨基酸的同义密码子中,偏好使用某些密码子的现象。虽然密码子有64种可能的组合,其中有些密码子编码同一种氨基酸,但生物体通常不会随机使用同义密码子。本实验利用CodonW软件对密码子偏好性进行分析,要求学生熟练掌握操作技术。

二、实验原理

CodonW通过统计分析DNA序列中的密码子使用频率,计算相对同义密码子频率(relative synonymous codon usage,RSCU)和其他偏好性指标,揭示序列的密码子使用偏好性。

三、实验材料

1.CodonW软件,下载网址为 https://codonw.sourceforge.net。

2.拟南芥的ERF55序列:

ATGGCGGATCTCTTCGGTGGTGGCCACGGCGGCGAGCTTATGGAAGCACTTCAACC
TTTTTACAAAAGTGCTTCCACGTCTGCTTCAAATCCTGCGTTTGCGTCCTCAAACGATGC
GTTTGCGTCTGCCCCAAACGACCTATTTTCTTCTTCTTCTTACTATAATCCTCATGCATCT
TTATTCCCTTCACATTCCACAACCTCTTACCCGGATATTTATTCTGGATCCATGACCTATC
CATCTTCATTCGGGTCGGATCTTCAACAACCCGAAAACTACCAATCTCAGTTCCATTACC
AAAACACTATCACTTACACTCACCAAGACAACAACACTTGCATGCTTAACTTCATTGAG
CCGAGCCAACCGGGTTTTATGACCCAACCGGGTCCGAGTTCGGGTTCGGTTTCAAAACC
GGCTAAGCTCTATAGAGGAGTGAGGCAAAGACATTGGGGAAAATGGGTCGCGGAGATC
CGTTTACCCAGGAACCGAACCCGACTTTGGCTCGGAACATTCGACACGGCTGAAGAAGC
CGCGTTGGCTTATGATCGCGCCGCGTTTAAGCTTCGTGGTGACTCGGCTCGGCTTAACTT
CCCAGCTCTCCGATACCAAACCGGTCGTCTCCGTCTGATACCGGCGAATATGGTCCTAT
TCAAGCTGCCGTAGACGCTAAACTAGAAGCCATATTAGCTGAGCCGAAGAATCAGCCG
GGCAAAACGGAGAGGACGTCGAGGAAACGAGCTAAAGCCGCGGCTTCTTCAGCTGAGC
AGCCGTCAGCGCCACACAACATTCCGGGTCGGGGTGAAAGTGATGGGTC
GGGTTCACCGACTTCGGATGTTATGGTGCAGGAGATGTGCCAAGAGCCA
GAGATGCCATGGAATGAAAATTTCATGCTCGGCAAGTGTCCTTCTTATG
AGATAGATTGGGCTTCAATTTTATCGTGA

ERF55.txt 文件

四、操作步骤

1.双击 CodonW.exe,打开软件界面(图5-15)。

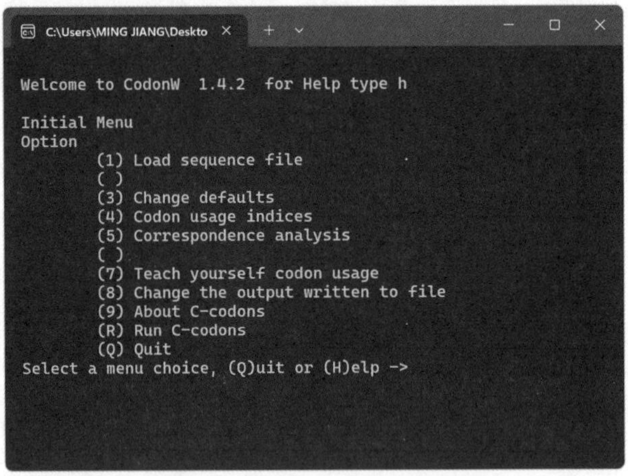

图5-15　CodonW软件界面

2.输入数字4,显示Options页面(图5-16)。

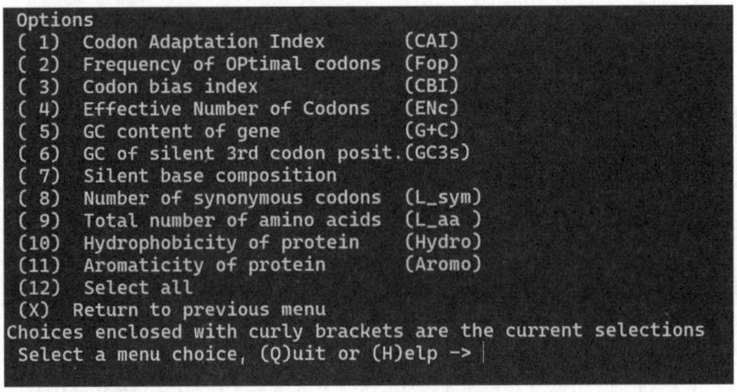

图5-16　Options页面

3.输入数字12,即选择所有,再输入X返回到主菜单(图5-17)。

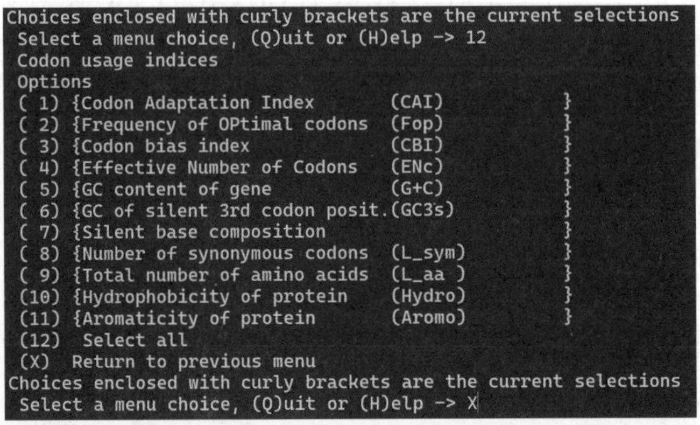

图5-17　输入X返回

4.输入数字1,回车,输入含ERF55基因序列的文件名,本实验为ERF55.TXT,敲回车将序列读入内存(图5-18)。

```
Loading sequence menu (type h for help)
No sequence file is currently loaded

Name of input sequence file       (h for help) [input.dat] ERF55.TXT
```

图5-18　读入序列数据

5.Name of output sequence file和Name of bulk output file可以重新命名,也可直接敲回车生成默认空白文件ERF55.out和ERF55.blk(图5-19)。

```
Name of output sequence file      (h for help) [ERF55.out]

Name of bulk output file          (h for help) [ERF55.blk]
```

图5-19　生成ERF55.out和ERF55.blk空白文件

6.返回主界面后,输入R进行运算(图5-20)。

```
Initial Menu
Option
        (1) Load sequence file
        ( )
        (3) Change defaults
        (4) Codon usage indices
        (5) Correspondence analysis
        ( )
        (7) Teach yourself codon usage
        (8) Change the output written to file
        (9) About C-codons
        (R) Run C-codons
        (Q) Quit
Select a menu choice, (Q)uit or (H)elp -> R
```

图5-20　输入R运行程序

7.CAI、CBI和Fop均采用默认值,即根据提示输入n,按回车键返回主界面(图5-21)。

```
Do you wish to input a personal choice of CAI values (y/n) [n] n
Using Escherichia coli (No reference) w values to calculate CAI

Do you wish to input a personal choice of CBI values (y/n) [n] n
Using Escherichia coli (Ikemura (1985) Mol. Biol. Evol. 2:13-34 (updated by INCBI 1991))
optimal codons to calculate CBI

Do you wish to input a personal choice of Fop values (y/n) [n] n
Using Escherichia coli (Ikemura (1985) Mol. Biol. Evol. 2:13-34 (updated by INCBI 1991))
optimal codons to calculate Fop


         Number of sequences: 1

Press return or enter to continue -> |
```

图5-21　CAI、CBI和Fop选项

8.返回主界面后,不能直接关闭窗口,否则生成的blk和out文件为空白,必须输入Q正常退出(图5-22)。

图 5-22　输入 Q 退出程序

out 文件中列出了 T3s（密码子第三位为 T 的频率）、C3s（密码子第三位为 C 的频率）、A3s（密码子第三位为 A 的频率）、G3s（密码子第三位为 G 的频率）、CAI（Codon Adaptation Index，密码子适应指数）、CBI（密码子偏好性指数，Condon Bias Index）、Fop（最优密码子使用频率，Frequency of optimal codons）和有效密码子数[effective number of codon，Nc]等，而 blk 文件罗列了密码子使用情况，包括密码子的数量、RSCU（relative synonymous codon usage，同义密码子相对使用度），若 RSCU>1，则说明该密码子的使用有偏好性。

五、思考与习题

1. 从 NCBI 或 TAIR 数据库下载感兴趣的基因序列，并利用 CodonW 进行分析。

2. 除 CodonW 外，还有哪些工具或软件可用于密码子的偏好性分析？

项目六　蛋白质序列分析

蛋白质序列分析是生物信息学的重要内容,是理解蛋白质组成、结构与功能的基础。利用生物信息学在线工具或软件,可以推测蛋白质的二级结构(如α-螺旋、β-折叠等)、功能域、亲疏水性、结构稳定性和动力学特性等,这些信息对于解释蛋白质在生物学过程中的具体作用至关重要。本实验包括蛋白质的理化性质预测、蛋白质的亲疏水性预测、蛋白质的亚细胞定位预测、蛋白质的跨膜结构预测、蛋白质的二级结构预测和蛋白质的同源建模等内容。

实验一　蛋白质的理化性质预测

一、实验目的

利用在线工具 Compute pI/Mw 计算蛋白质的等电点和分子量,熟练掌握操作方法;利用在线工具 ProtParam 预测蛋白质的氨基酸组成(amino acid composition)、原子组成(atomic composition)、不稳定指数(instability index)和平均亲水性指数(grand average of hydropathicity)等,熟练掌握该工具的操作方法。

二、实验原理

Compute pI/Mw 利用标准的氨基酸残基分子量和解离常数,计算蛋白质的分子量和等电点。ProtParam 通过分析蛋白质序列,利用多种生物化学和统计方法预测蛋白质的理化性质。

三、实验材料

1.Compute pI/Mw 在线工具,https://web.expasy.org/compute_pi/。

2.ProtParam 在线工具,https://web.expasy.org/protparam/。

3.褐家鼠(*Rattus norvegicus*)成纤维细胞生长因子10(fibroblast growth factor 10,FGF10)的 UniProtKB 登录号 P70492。

4.青花菜(*Brassica oleracea* var. *italica*)WRKY25转录因子序列 F01：

MSSTSFTDLLASSGVDPYEQDEDFLGGFFPETTGSGLPKFKTAQPSPLPISQSSRSFAFS
ELLDSPLLLSSSHSLISPTTGAFPFQGFNGSDFPWQLPSQTQTQTPNAASALQEETYGVQ
DLQKKQEDPVPREFADRQVKVPSYMVSRNSNDGYGWRKYGQKQVKKSENPRSYFKCT
YPNCVSKKIVETTSDGQITEIIYKGGHNHPKPEFTKRPSSSSANARRMLNPSSV
VSEQSESSSISFDYGEVDEEKEQPEIKRLKREGGDEGMSVEVSRGVKEPRVV
VQTISEIDVLIDGFRWRKYGQKVVKGNTNPRSYYKCTYQGCGVRKQVERSA
EDERAVLTTYEGRHNHDVPTAPRRS

F01.txt 文件

四、操作步骤

(一)Compute pI/Mw操作

1.浏览器中输入 https://web.expasy.org/compute_pi/，打开 Compute pI/Mw 在线工具页面(图6-1)。

图 6-1　Compute pI/Mw 页面

2.在输入框中输入褐家鼠 FGF10 蛋白的登录号 P70492(图6-2)，单击 Click here to compute pI/Mw，页面显示该序列的物种、序列长度和蛋白名称等信息(图6-3)。

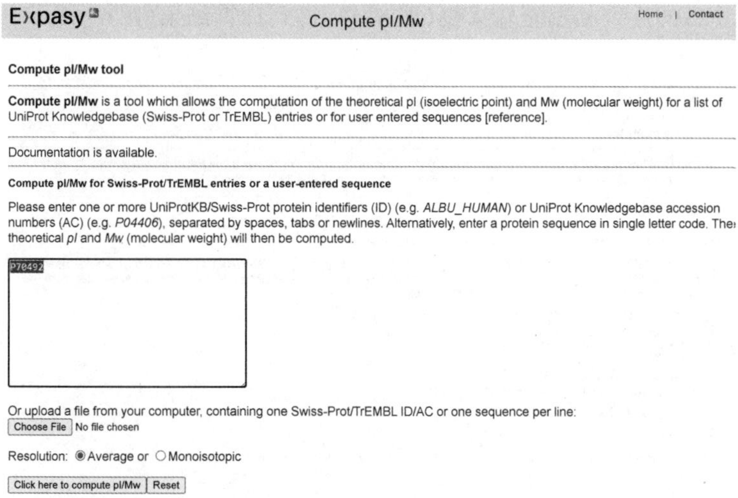

图6-2　输入登录号 P70492

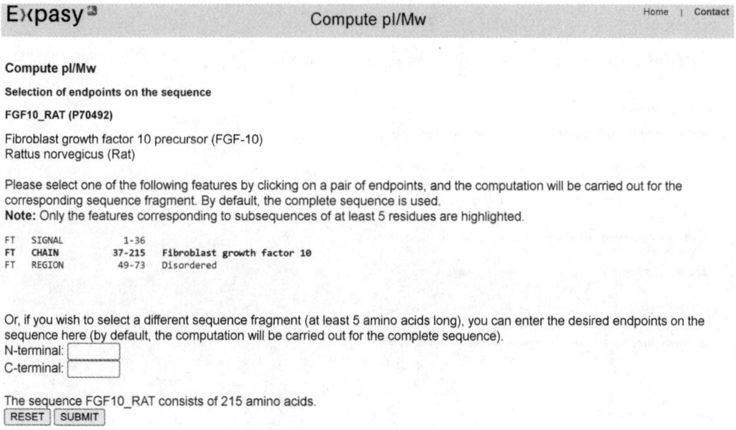

图6-3　P70492序列信息

3.单击 SUBMIT,得到分子量和等电点(图6-4)。分子量有两个值,一个为平均质量(average mass)24029.43 Da,另一个为单一同位素质量(monoisotopic mass)24013.93 Da,等电点为9.66。

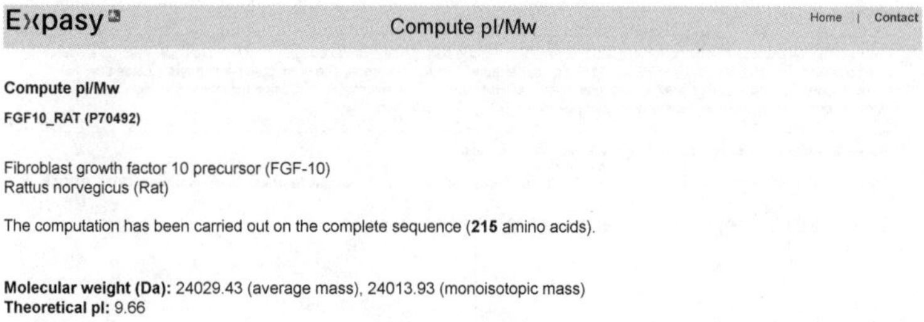

图6-4　计算结果

步骤2中的输入框还可输入蛋白质序列或上传序列文件进行分子量与等电点的预测,

将青花菜WRKY25的序列粘贴至输入框（图6-5），得到计算结果（图6-6）。

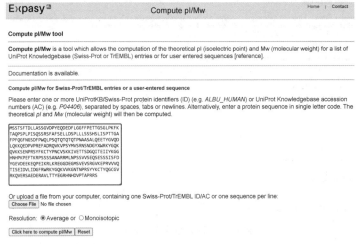

图6-5　青花菜WRKY25序列粘贴到输入框

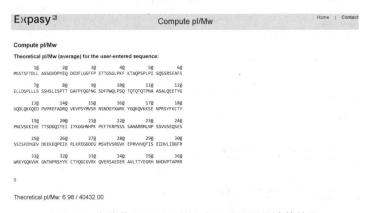

Theoretical pI/Mw: 6.98 / 40432.00

图6-6　青花菜WRKY25等电点及分子量的计算结果

（二）ProtParam操作

1.浏览器中输入https://web.expasy.org/protparam/，打开ProtParam页面（图6-7）。

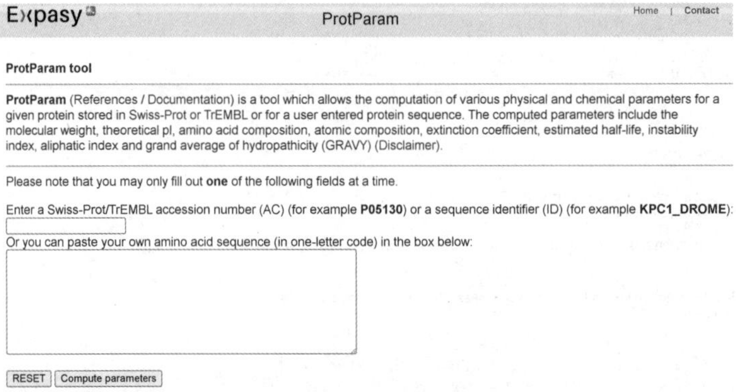

图6-7　在线工具ProtParam的页面

2. 在第一个输入框中输入 P70492（图 6-8），单击 Compute parameters，这里页面显示的信息与图 6-3 相同。

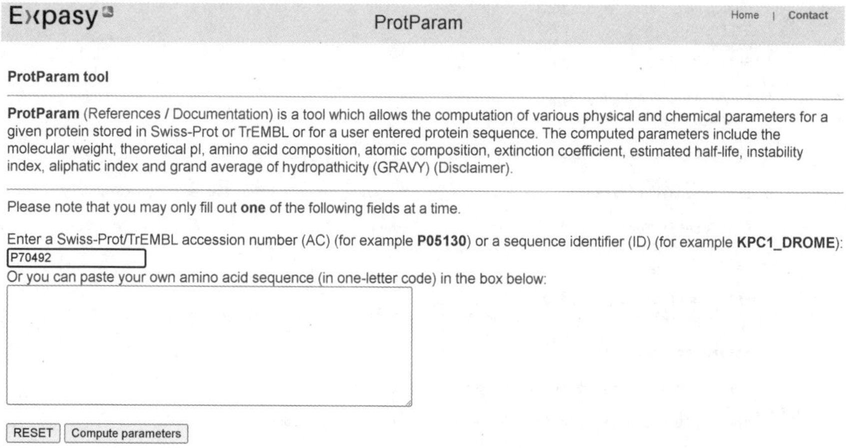

图 6-8 在输入框中录入 P70492

3. 单击 SUBMIT 提交，得到分子量、等电点、氨基酸组成（图 6-9）及分子式、不稳定指数和平均亲水性系数等信息。由结果可知褐家鼠 FGF10 的分子量为 24029.43 Da，等电点为 9.66；该蛋白质由 215 个氨基酸组成，总的原子数量为 3341，可用分子式 $C_{1062}H_{1654}N_{302}O_{310}S_{13}$ 表示；FGF10 的不稳定系数为 49.79，该值大于 40，为不稳定蛋白；平均亲水性指数为 −0.408，该值小于 1，为亲水性蛋白。

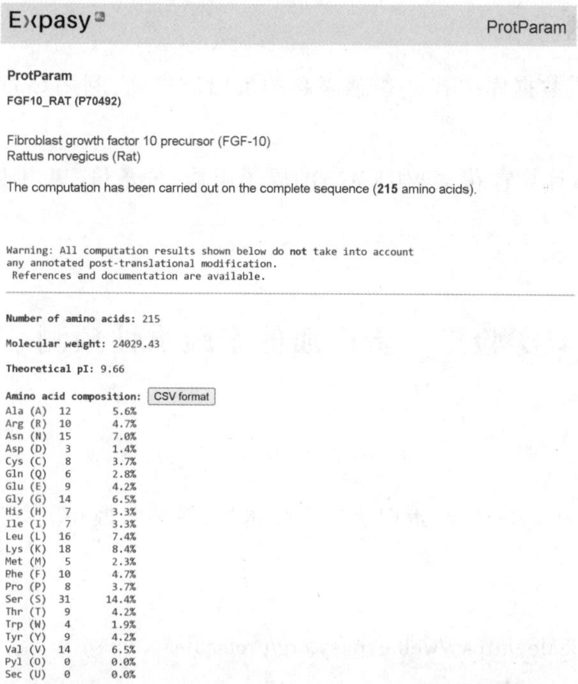

图 6-9 P70492 的分子量、等电点和氨基酸组成

```
Total number of negatively charged residues (Asp + Glu): 12
Total number of positively charged residues (Arg + Lys): 28

Atomic composition:

Carbon      C      1062
Hydrogen    H      1654
Nitrogen    N       302
Oxygen      O       310
Sulfur      S        13

Formula: C₁₀₆₂H₁₆₅₄N₃₀₂O₃₁₀S₁₃
Total number of atoms: 3341

Extinction coefficients:

Extinction coefficients are in units of  M⁻¹ cm⁻¹, at 280 nm measured in water.

Ext. coefficient    35910
Abs 0.1% (=1 g/l)   1.494, assuming all pairs of Cys residues form cystines

Ext. coefficient    35410
Abs 0.1% (=1 g/l)   1.474, assuming all Cys residues are reduced

Estimated half-life:

The N-terminal of the sequence considered is M (Met).

The estimated half-life is: 30 hours (mammalian reticulocytes, in vitro).
                            >20 hours (yeast, in vivo).
                            >10 hours (Escherichia coli, in vivo).

Instability index:

The instability index (II) is computed to be 49.79
This classifies the protein as unstable.


Aliphatic index: 66.19

Grand average of hydropathicity (GRAVY): -0.408
```

图6-10　分子式、不稳定指数和平均亲水性系数等信息

五、思考与习题

1. 在NCBI蛋白质数据库中找一条感兴趣的蛋白质序列,利用Compute pI/Mw计算等电点和分子量。

2. 利用ProtParam计算青花菜WRKY25的原子组成、分子量、等电点、不稳定指数和平均亲水性系数等。

实验二　蛋白质的亲疏水性预测

一、实验目的

利用在线工具ProtScale,预测蛋白质的亲疏水性,熟练掌握相关的操作技术。

二、实验材料

1. 在线工具ProtScale,https://web.expasy.org/protscale/。

2. 青花菜WRKY25序列F01。

三、实验原理

ProtScale用多种氨基酸尺度计算蛋白质序列的亲疏水性。每种氨基酸在不同尺度下有不同的值,这些值反映了其在特定条件下的相对亲疏水性。

四、操作步骤

1.在浏览器中输入 https://web.expasy.org/protscale/,打开 ProtScale 页面(图 6-11)。与 Compute pI/Mw类似,ProtScale 可通过输入 UniProtKB 登录号、蛋白质序列或上传文件等提交待分析的蛋白质,这里采用输入蛋白质序列的方式。

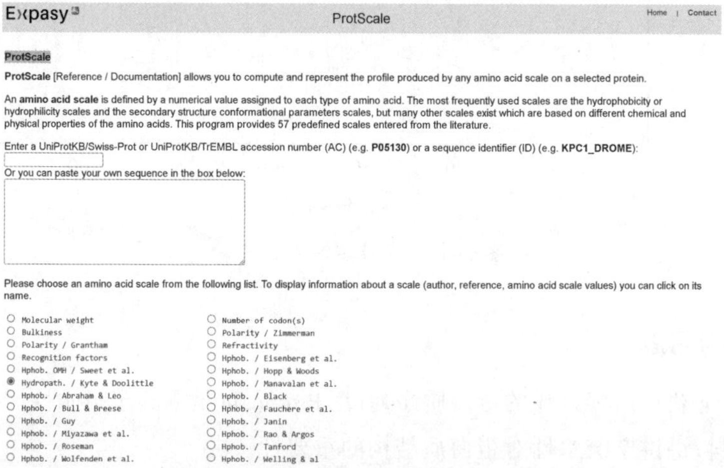

图 6-11　在线工具 ProtScale 的主页面

2.将 WRKY25 转录因子序列粘贴至输入框(图 6-12),Window size 等参数采用默认值,单击 Submit 提交序列数据。结果如图 6-13所示,发现大部分氨基酸的疏水性小于0,表明该 WRKY25 为疏水蛋白,与 ProtParam 的结果一致。

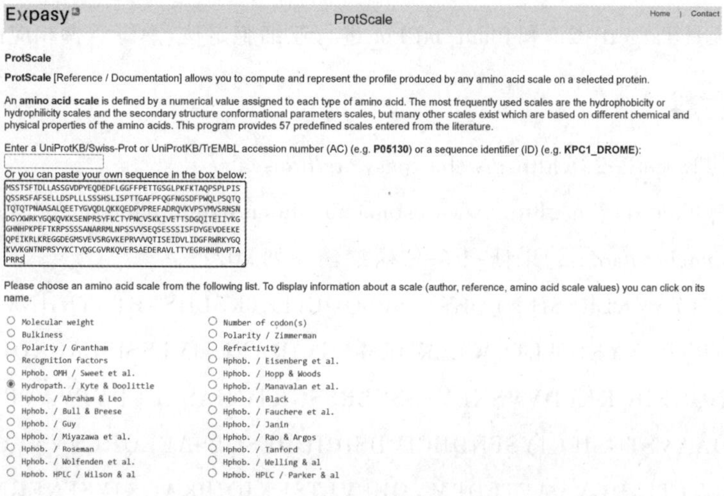

图 6-12　WRKY25序列录入输入框

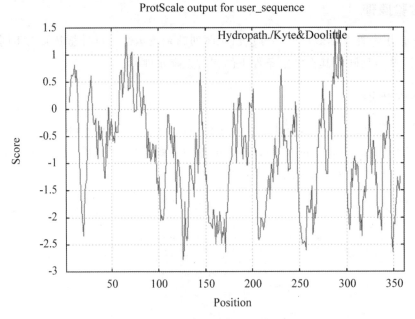

图 6-13　亲疏水性预测结果

五、思考与习题

1. 从 NCBI 下载自己感兴趣的蛋白质序列,用 ProtScale 预测其亲疏水性。

2. 查阅资料,讲讲亲疏水性对蛋白质结构的重要性。

实验三　蛋白质的亚细胞定位预测

一、实验目的

利用在线工具 TargetP-2.0 和 Plant-mPLoc 进行亚细胞定位,熟练掌握相应的操作技术。

二、实验材料

1. 在线工具 TargetP-2.0,https://web.expasy.org/protscale/。

2. 在线工具 Plant-mPLoc,http://www.csbio.sjtu.edu.cn/bioinf/plant-multi/。

3. 菠菜(*Spinacia oleracea*)果糖-1,6-二磷酸酶序列 F02:

MASIGPATTTAVKLRSSIFNPQSSTLSPSQQCITFTKSLHSFPTATRHNVASGVRCMAA
VGEAATETKARTRSKYEIETLTGWLLKQEMAGVIDAELTIVLSSISLACKQIASLVQRAGIS
NLTGIQGAVNIQGEDQKKLDVVSNEVFSSCLRSSGRTGIIASEEEDVPVAVEESYSGNYIVV
FDPLDGSSNIDAAVSTGSIFGIYSPNDECIVDSDHDDESQLSAEEQRCVVNVCQPGDNLLAA
GYCMYSSSVIFVLTIGKGVYAFTLDPMYGEFVLTSEKIQIPKAGKIYSFNEGNYKMWDDKL

KKYMDDLKEPGESQKPYSSRYIGSLVGDFHRTLLYGGIYGYPRDAKSKNGKL
RLLYECAPMSFIVEQAGGKGSDGHQRILDIQPTEIHQRVPLYIGSVEEVEKLE
KYLA

F02.txt 文件

4.青花菜WRKY25序列F01。

三、实验原理

　　TargetP通过分析氨基酸序列的信号肽、转运肽和C端序列进行分析,利用神经网络模型预测蛋白质在亚细胞中的位置。Plant-mPLoc是一种用于植物蛋白质亚细胞定位的生物信息学工具,根据每个亚细胞定位的得分、最可能的定位结果及其置信度进行评分。

四、操作步骤

（一）利用TargetP-2.0进行亚细胞定位

1.在浏览器中输入https://web.expasy.org/protscale/,打开TargetP-2.0的主页面(图6-14)。

DTU Health Tech
Department of Health Technology

Research　　Education　　Collaboration　　Services and Products　　News　　About

DTU HEALTH TECH > SERVICES AND PRODUCTS > BIOINFORMATIC SERVICES > TARGETP-2.0

Contact　**DTU**

SHARE ON f in X

TargetP - 2.0

Subcellular location of proteins: mitochondrial, chloroplastic, secretory pathway, or other

TargetP-2.0 server predicts the presence of N-terminal presequences: signal peptide (SP), mitochondrial transit peptide (mTP), chloroplast transit peptide (cTP) or thylakoid luminal transit peptide (lTP). For the sequences predicted to contain an N-terminal presequence a potential cleavage site is also predicted.

| Submission | Instructions | Data | Abstract | Source code | Versions | Downloads |

Submit data

Paste or upload protein sequence(s) as fasta format. For example file, <u>Click here</u>

Protein sequences should be not less than 10 amino acids. The maximum number of proteins is 5000.

Enter protein sequence(s) in fasta format...

Format directly from your local disk: [Choose File] No file chosen
Organism group:
⦿ Non-plant
○ Plant

Output format:
⦿ Long output
○ Short output (no figures)

[Submit] [Clear fields]

图6-14　在线工具TargetP － 2.0 的主页面

　　2.将菠菜果糖1,6-二磷酸酶序列粘贴到输入框中,Organism group选择Plant,Output format为默认值(图6-15);单击Submit,获得预测结果(图6-16)。

图6-15　输入果糖1,6-二磷酸酶序列

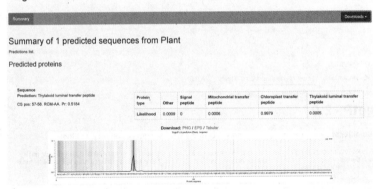

图6-16　预测结果

从图 6-16 可知，Chloroplast transfer peptide 的值为 0.9979，Mitochondrial transfer peptide仅 0.0006，表明菠菜果糖-1,6-二磷酸酶定位于叶绿体。

（二）利用 Plant-mPLoc进行亚细胞定位

1.在浏览器中输入 http://www.csbio.sjtu.edu.cn/bioinf/plant-multi/，打开 Plant-mPLoc 的主页面（图6-17）。

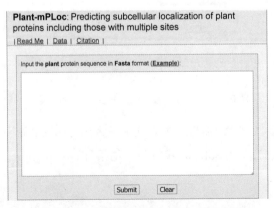

图6-17　在线工具 Plant-mPLoc 的主页面

2.输入WRKY25转录因子序列(图6-18),单击Submit提交,得到预测结果(图6-19)。Predicted location(s)栏显示为Nucleus,即该蛋白质序列定位于细胞核。

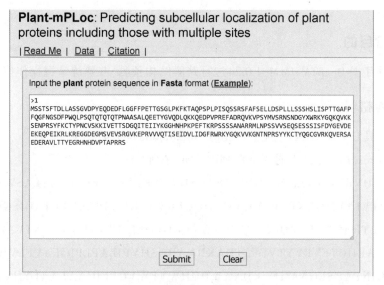

图6-18　输入WRKY25序列

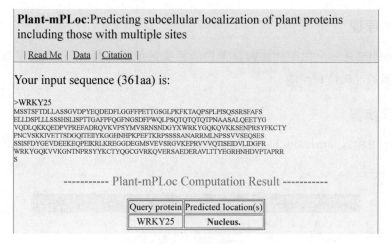

图6-19　预测结果

五、思考与习题

1.用在线工具Plant-mPLoc对菠菜(*Spinacia oleracea*)果糖-1,6-二磷酸酶进行亚细胞定位。

2.除TargetP-2.0和Plant-mPLoc外,还有哪些在线工具或软件可用于蛋白质的亚细胞定位?

实验四　蛋白质的跨膜结构预测

一、实验目的

利用在线工具 DeepTMHMM 1.0.24 进行跨膜结构预测，并熟练掌握操作技术。

二、实验材料

1.在线工具 DeepTMHMM，网址为 https://dtu.biolib.com/DeepTMHMM。

2.芜菁（*Brassica rapa*）水通道蛋白 PIP1-2 的序列 F03：

MEGKEEDVRVGANKFPERQPIGTSAQSDKDYKEPPPAPLFEPGELASWSFWRAGIAE
FIATFLFLYITVLTVMGVKRSPSMCASVGIQGIAWAFGGMIFALVYCTAGISGGHINPAVTF
GLFLARKLSLTRAVYYIVMQCLGAICGAGVVKGFQPKQYQALGGGANTVAP
GYTKGSGLGAEIIGTFVLVYTVFSATDAKRNARDSHVPILAPLPIGFAVFLVH
LATIPITGTGINPARSLGAAIIFNKDNAWDDHWVFWVGPFIGAALAALYHVI
VIRAIPFKSRS

F03.txt 文件

三、实验原理

DeepTMHMM 是一个用于预测跨膜蛋白质跨膜区域的工具，采用深度学习技术来提高跨膜区域预测的准确性和性能。

四、操作步骤

1.浏览器中输入 https://dtu.biolib.com/DeepTMHMM，打开 DeepTMHMM 1.0.24 的主页面（图 6-20）。

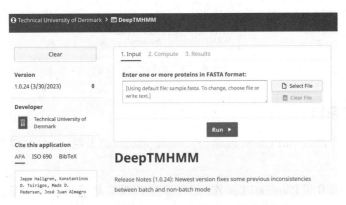

图 6-20　在线工具 DeepTMHMM 的主页面

2.将芜菁 PIP1-2 序列粘贴至输入框（图 6-21），单击 Run 按钮，得到预测结果（图 6-22、图 6-23）。

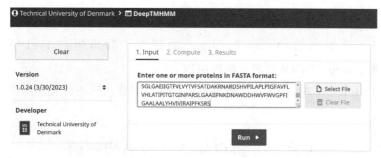

图 6-21 输入 PIP1-2 序列

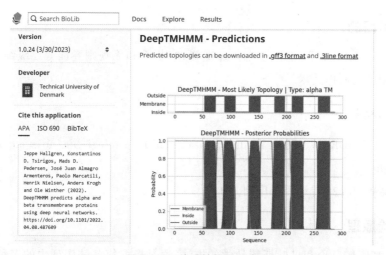

图 6-22 跨膜结构的分布

```
##gff-version 3
# Unnamed Length: 286
# Unnamed Number of predicted TMRs: 6
Unnamed inside    1    52
Unnamed TMhelix   53   73
Unnamed outside   74   88
Unnamed TMhelix   89   108
Unnamed inside    109  132
Unnamed TMhelix   133  153
Unnamed outside   154  177
Unnamed TMhelix   178  196
Unnamed inside    197  208
Unnamed TMhelix   209  229
Unnamed outside   230  255
Unnamed TMhelix   256  277
Unnamed inside    278  286
```

图 6-23 跨膜结构的位置

　　由图 6-22 和图 6-23 可知,芜菁 PIP1-2 有 5 个跨膜结构,分别位于+53~+73、+89~+108、+133~+153、+178~+196、+209~+229 和+256~+286。

五、思考与习题

1. 从 NCBI 下载黑曲霉（*Aspergillus niger*）的钾离子通道蛋白 Yvc1 序列（登录号：GAQ36787），利用 DeepTMHMM 预测其跨膜结构。

2. 除 DeepTMHMM 外，还有哪些在线工具或软件可用来预测蛋白质的跨膜结构？

实验五　蛋白质的二级结构预测

一、实验目的

利用在线工具 GOR Ⅳ 对蛋白质的 α–螺旋、β–折叠和无规则卷曲等二级结构进行预测，并熟练掌握相应的操作技术。

二、实验材料

1. 在线工具 GOR Ⅳ，网址为 https://npsa-prabi.ibcp.fr/cgi-bin/npsa_automat.pl? page=npsa_gor4.html。

2. 青花菜 WRKY25 转录因子序列 F01。

三、实验原理

GOR Ⅳ 基于信息论和贝叶斯统计学的方法，通过提取氨基酸序列中的多种特征进行二级结构预测，输出 α–螺旋（Helix）、β–折叠（Strand）和无规则结构（coil）等的比例。

四、操作步骤

1. 在浏览器中输入 https://npsa-prabi.ibcp.fr/cgi-bin/npsa_automat.pl? page=npsa_gor4.html，打开 GOR Ⅳ 的主页面（图6-24）。

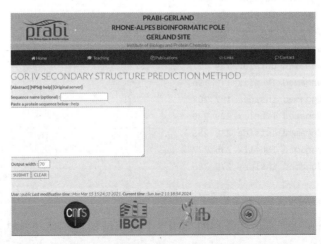

图6-24　在线工具 GOR Ⅳ 的主页面

2.Sequence name中输入WRKY25,并将WRKY25序列粘贴至输入框,Output width采用默认值(图6-25)。

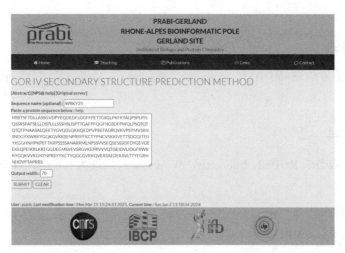

图6-25 输入青花菜WRKY25序列的界面

3.单击SUBMIT提交序列数据,得到如图6-26所示的结果。

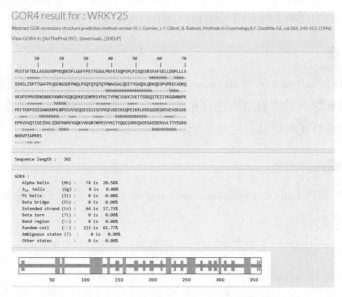

图6-26 WRKY25二级结构的预测结果

从结果可知,WRKY25蛋白二级结构元件中,无规则卷曲的比例最高,占61.77%,α-螺旋和β-折叠各占20.50%和17.73%。

五、思考与习题

1.从TAIR数据库下载拟南芥SKIP16蛋白序列,利用GOR Ⅳ预测二级结构。

2.除GOR Ⅳ外,还有哪些在线工具可用来预测蛋白质的二级结构?

实验六　蛋白质的同源建模

一、实验目的

利用在线工具SWISS-MODEL Interactive Workspace对蛋白质进行同源建模，熟练掌握操作方法。

二、实验材料

1.在线工具SWISS-MODEL Interactive Workspace，网址为：https://swissmodel.expasy.org/interactive。

2.绿色荧光蛋白序列F04：

MVSKGEELFTGVVPILVELDGDVNGHKFSVSGEGEGDATYGKLTLKFI
CTTGKLPVPWPTLVTTLTYGVQCFSRYPDHMKQHDFFKSAMPEGYVQERTI
FFKDDGNYKTRAEVKFEGDTLVNRIELKGIDFKEDGNILGHKLEYNYSHN
VYIMADKQKNGIKVNFKIRHNIEDGSVQLADHYQQNTPIGDGPVLLPDNHYL
STQSALSKDPNEKRDHMVLLEFVTAAGITLGMDELYK。

F04.txt 文件

三、实验原理

SWISS-MODEL Interactive Workspace以蛋白质结构数据库的一个或多个已解析的结构作为模板，将目标序列与模板结构进行比对，确定序列中每个氨基酸在模板结构中的最佳对应位置，使用建模算法构建目标三维结构。

四、操作步骤

1.在浏览器中输入 https://swissmodel.expasy.org/interactive，打开SWISS-MODEL Interactive Workspace网页（图6-27）。

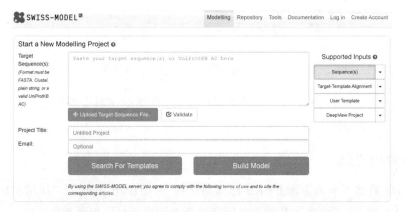

图6-27　SWISS-MODEL Interactive Workspace 主页面

2.将绿色荧光蛋白序列粘贴至输入框，Project Title名称设为GFP Modelling，Email为任选项（图6-28）。

SWISS-MODEL
Modelling
Repository
Tools
Documentation
Log in
Create Account
Start a New Modelling Project
Target Sequence(s):
(Format must be FASTA, Clustal, plain string, or a valid UniProtKB AC)
Target MVSKGEELFTGVVPILVELDGDVNGHKFSVSGEGEGDATYGKLTLKFICTTGKLPVPWPTLVTTL 65
Target TYGVQCFSRYPDHMKQHDFFKSAMPEGYVQERTIFFKDDGNYKTRAEVKFEGDTLVNRIELKGID 130
Target FKEDGNILGHKLEYNYNSHNVYIMADKQKNGIKVNFKIRHNIEDGSVQLADHYQQNTPIGDGPVL 195
Target LPDNHYLSTQSALSKDPNEKRDHMVLLEFVTAAGITLGMDELYK 239
Add Hetero Target
Reset
Supported Inputs
Sequence(s)
Target-Template Alignment
User Template
DeepView Project
Project Title:
GFP Modelling
Email:
Optional
Search For Templates
Build Model

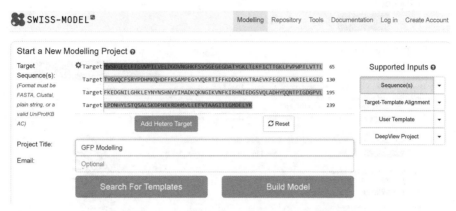

图6-28　绿色荧光蛋白序列录入输入框

3.单击Search For Templates，程序进行搜索模式（图6-29）；模板搜索结束后，出现如图6-30所示的界面，每条记录都列出了覆盖度（coverage）、全局模型质量估计（global model quality estimation，GMQE）、相似性（identity）及方法（method）等。

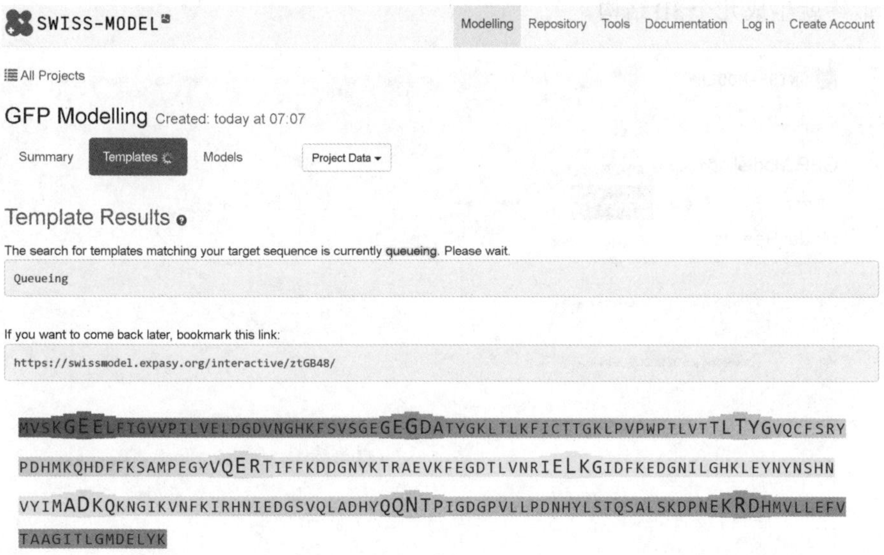

SWISS-MODEL
Modelling
Repository
Tools
Documentation
Log in
Create Account
All Projects
GFP Modelling Created: today at 07:07
Summary
Templates
Models
Project Data
Template Results
The search for templates matching your target sequence is currently queueing. Please wait.
Queueing
If you want to come back later, bookmark this link:
https://swissmodel.expasy.org/interactive/ztGB48/
MVSKGEELFTGVVPILVELDGDVNGHKFSVSGEGEGDATYGKLTLKFICTTGKLPVPWPTLVTTLTYGVQCFSRY
PDHMKQHDFFKSAMPEGYVQERTIFFKDDGNYKTRAEVKFEGDTLVNRIELKGIDFKEDGNILGHKLEYNYNSHN
VYIMADKQKNGIKVNFKIRHNIEDGSVQLADHYQQNTPIGDGPVLLPDNHYLSTQSALSKDPNEKRDHMVLLEFV
TAAGITLGMDELYK

图6-29　模板搜索

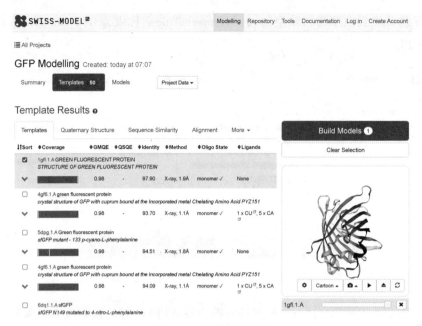

图6-30 模板搜索结果

4.选择2条质量较好的模板,单击Build Models,程序开始建模(图6-31)。用户选择几条模板,最终就生成几个3D结构。

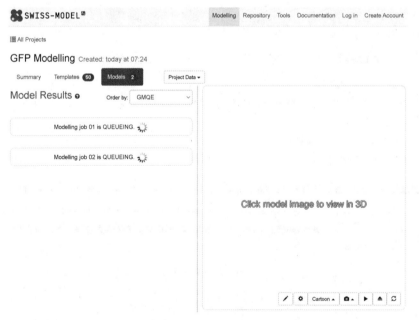

图6-31 程序运行页面

5.运行结束后,得到建模结果(图6-32)。从图6-32可知,同源建模的质量较好,GMQE达0.97,该值范围为0~1,数字越大,结果越可靠;定性能量分析(qualitative model energy analysis,QMEAN)值为0.93;另外,GFP序列与模板的相似性较高,达97.90%。

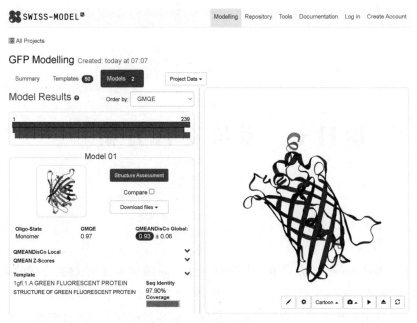

图 6-32　建模结果

五、思考与习题

1. 利用 SWISS-MODEL Interactive Workspace 对青花菜 WRKY25 蛋白序列进行同源建模。

2. 除 SWISS-MODEL Interactive Workspace 外,还有哪些在线工具可用于蛋白质的同源建模?

项目七　系统发育分析

系统发育(Phylogenetics)是研究物种之间演化关系的学科,解析物种之间的进化历史和关系。系统发育通过比较生物的特征形态、生理、生化和分子序列等的异同,构建演化树或系统发育树,以显示物种之间的亲缘关系。系统发育分析在许多领域都有应用,如物种分类地位的确定、进化历史的探究、物种地理分布和迁移研究等。通过系统发育分析,科学家们能够更好地理解生物的多样性,并为保护生物多样性、揭示物种之间的相互作用等方面提供重要的信息。构建系统发育树的方法有距离法(distance-based methods)、最大似然法(maximum likelihood methods)、贝叶斯法(Bayesian inference)和最大简约法(maximum parsimony methods)等,距离法基于序列之间的差异或相似性来构建系统发育树,最大似然法通过比较不同树拓扑结构的似然值来确定最可能的系统发育树,贝叶斯法基于贝叶斯统计学原理,通过计算后验概率分布来推断系统发育树,而最大简约法则是寻找能够解释数据的最简单的拓扑结构,从而构建系统发育树。

实验一　利用MEGA构建系统发育树

一、实验目的

MEGA(molecular evolutionary genetics analysis)是一款用于分子进化和系统发育的软件,广泛应用于系统发育、分子进化和生物多样性研究。本实验让学生利用MEGA软件构建系统发育树,并要求熟练掌握操作方法。

二、实验材料

1.MEGA11或其他版本,下载地址为 https://www.megasoftware.net(图7-1)。

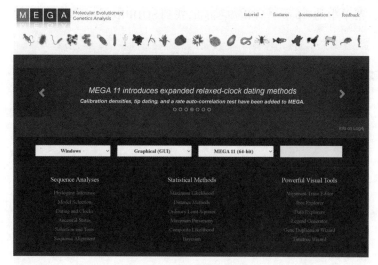

图7-1　MEGA网站主页

2.蓝花子(*Raphanus sativus* var. *raphanistroides*)超氧化物歧化酶(superoxide dismutase,SOD)及其同源序列,文件见实验四的SODPRO.fasta。

三、实验原理

MEGA提供了不同的建树方法,如距离法、最大似然法、贝叶斯方法等,并基于序列数据构建系统发育树,以揭示它们的进化关系和亲缘关系。MEGA提供丰富的进化模型,包括P距离模型、Jukes-Cantor模型、Kimura模型和Tajima-Nei模型等。MEGA在序列比对的基础上,生成特定的拓扑结构以展示基因、蛋白质或基因组的演化。

四、操作步骤

1.双击MEGA11图标,打开软件界面(图7-2)。

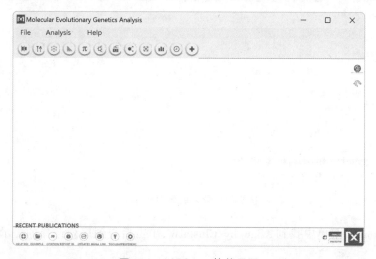

图7-2　MEGA11软件界面

2.单击File菜单中的Open A File/Session,找到SODPRO.fasta文件后双击,弹出如图7-3所示的对话框。

图7-3　比对或分析对话框

3.单击Align按钮,显示未经排序的蛋白质序列(图7-4)。

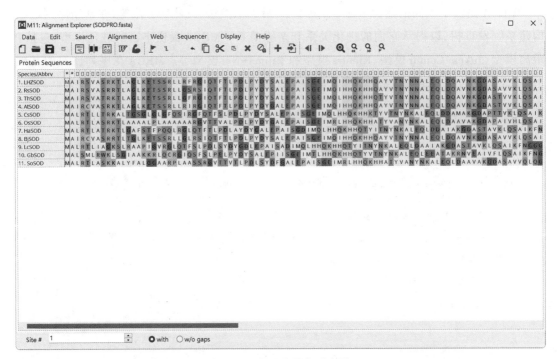

图7-4　导入的蛋白质序列

4.在Alignment菜单中找到Align by ClustalW,单击后得到序列选择的提示(图7-5)。

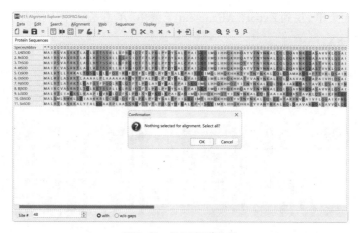

图7-5　提示序列选择

5.单击OK,弹出ClustalW选项(图7-6)。

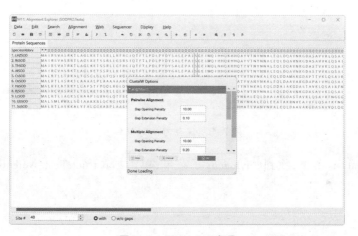

图7-6　ClustalW选项

6.单击OK,得到比对结果(图7-7)。

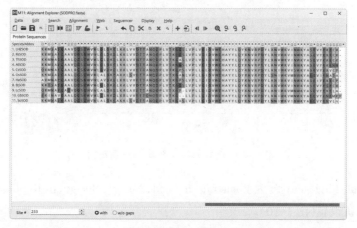

图7-7　序列比对结果

7.打开DATA菜单,找到Export Alignment子菜单,单击子菜单中的MEGA Format,保存为meg文件(图7-8)。

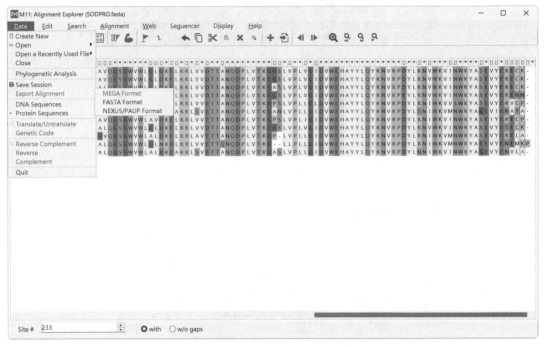

图7-8　保存为meg文件

8.打开Analysis菜单,找到Phylogeny子菜单,单击Construct/Test Neighbor-Joining Tree…(图7-9)。

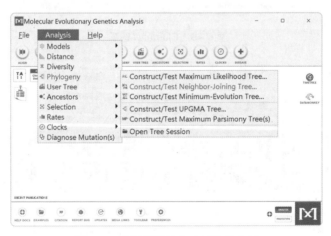

图7-9　选择邻接法构建系统发育树

9.将Test of Phylogeny设为Bootstrap method,No. of Bootstrap Replications设为1000次,其他采用默认设置(图7-10)。

图7-10 参数设置

10.单击OK,生成系统发育树(图7-11)。

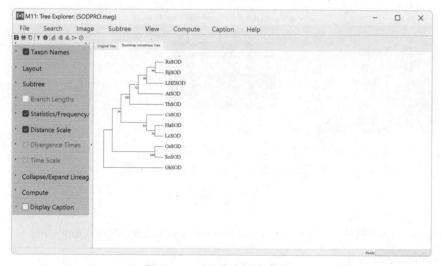

图7-11 系统发育树生成结果

五、思考与习题

1.在NCBI下载麻风树(*Jatropha curcas*)*WRKY15*(登录号:KC485267.1)及其同源序列,利用MEGA构建系统发育树。

2.尝试用最大似然法(maximum likelihood)、最小进化法(minimum-evolution)和最大简约法(maximum parsimony)构建系统发育树。

实验二 利用IQ-TREE构建系统发育树

一、实验目的

IQ-TREE是一个利用最大似然法推断系统发育关系的软件,具有计算性能高效、模型选择准确和输出格式多样等特点。本实验以IQ-TREE构建系统发育树,要求学生熟练掌握相关操作。

二、实验材料

1.IQ-TREE v2.3.4,下载地址http://www.iqtree.org(图7-12),解压后即可使用,本文解压至C盘根目录,可执行程序在C:\iqtree-2.3.4-Windows\bin下。

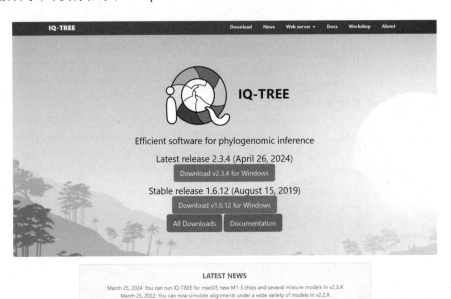

图7-12 IQ-TREE主页

2.FigTree v1.4.0软件,下载地址为https://github.com/rambaut/figtree/releases。

3.SODPRO.fasta文件。

三、实验原理

IQ-TREE采用最大似然法构建系统发育树,在选择最优模型的基础上,快速、准确寻找最优或近似最优的树拓扑结构,避免了局部最优解,从而生成具有高似然度的进化树。

四、操作步骤

1.同时按 ⊞+R键,打开运行窗口,输入CMD(图7-13)。

图7-13　运行窗口

2.单击确定按钮,打开命令行界面(图7-14)。

图7-14　命令行界面

3.在提示符>后面输入 C:\iqtree-2.3.4-Windows\bin 以切换目录(图7-15),敲回车,工作目录切换至iqtree2.exe所在的目录(图7-16)。

图7-15　切换目录

图7-16　当前目录为 C:\iqtree-2.3.4-Windows\bin

4.利用 MEGA 软件中的 ClustalW 对 SODPRO.fasta 中的序列进行比对,找到 DATA 菜单的 Export Alignment 子菜单,将结果另存为 FASTA 格式文件(图7-17)。

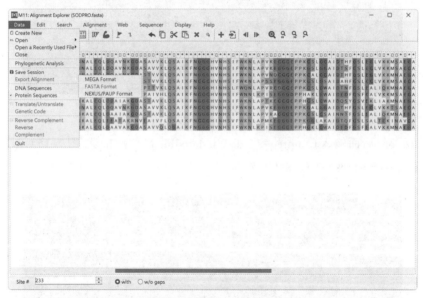

图7-17　输出 FASTA 格式文件

5.将 SODPRO.fas 拷贝至 iqtree2.exe 所在目录,即 C:\iqtree-2.3.4-Windows\bin(7-18)。

📄 iqtree2.exe	2024/4/27 6:27	应用程序	11,528 KB
📄 iqtree2-click.exe	2024/4/27 6:10	应用程序	11,528 KB
📄 libiomp5md.dll	2024/4/27 5:58	应用程序扩展	1,089 KB
📄 SODPRO.fas	2024/6/7 11:48	FAS 文件	3 KB

图7-18　将 SODPRO.fas 拷贝到工作目录

6.在命令窗口的提示符>后输入 Iqtree2 –s SODPRO.fas –B 1000 –T AUTO(图7-19)；按回车键，程序开始运行(图7-20)。

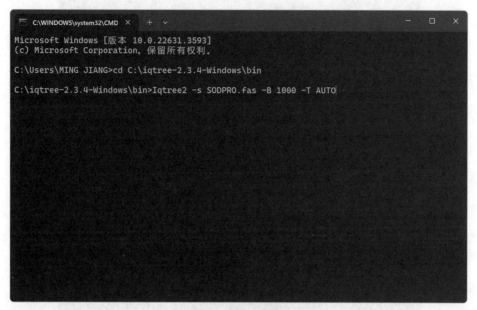

图7-19 输入命令

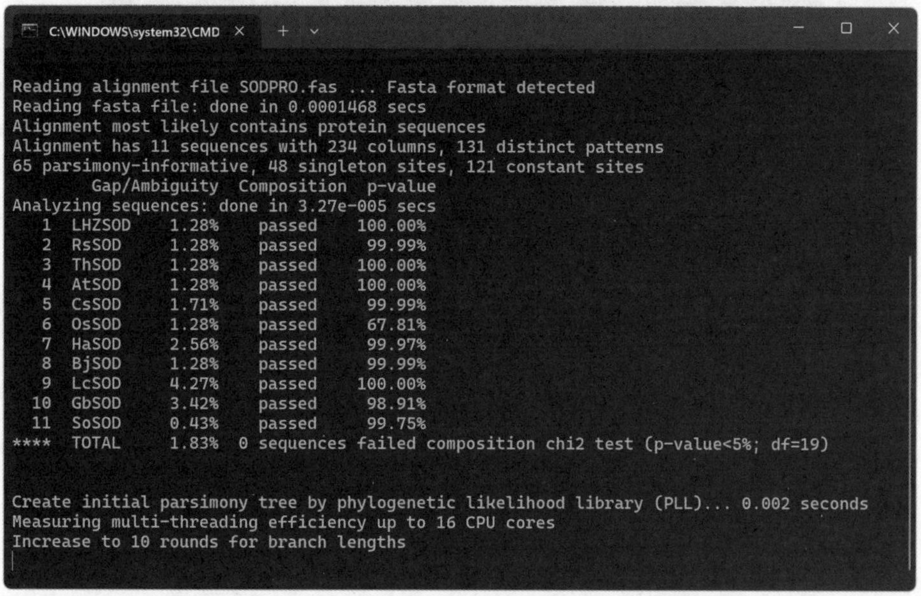

图7-20 运行界面

7.可在命令窗口找到最佳模型(best-fit model)，在图7-21的最后一行显示最佳模型为JTT + G4。

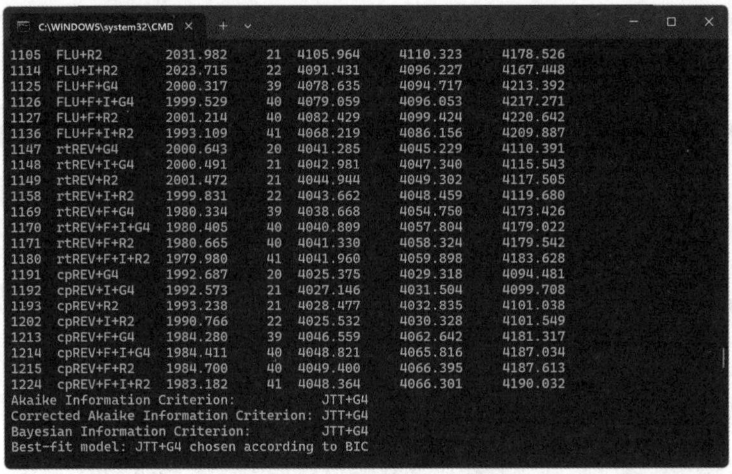

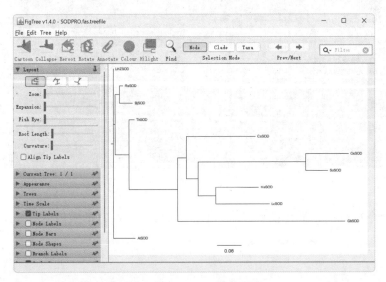

图7-21 模型选择

8.运行结束后,IQ-TREE生成多个文件,如IQ-TREE报告文件SODPRO.fas.iqtree,最大似然树文件SODPRO.fas.treefile和日志文件SODPRO.fas.log等(图7-22)。

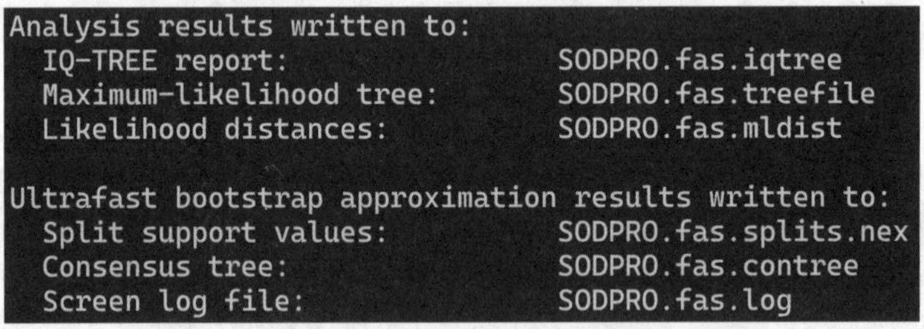

```
Analysis results written to:
  IQ-TREE report:                SODPRO.fas.iqtree
  Maximum-likelihood tree:       SODPRO.fas.treefile
  Likelihood distances:          SODPRO.fas.mldist

Ultrafast bootstrap approximation results written to:
  Split support values:          SODPRO.fas.splits.nex
  Consensus tree:                SODPRO.fas.contree
  Screen log file:               SODPRO.fas.log
```

图7-22 IQ-TREE生成的部分文件

9.SODPRO.fas.treefile可用FigTree软件打开和编辑(图7-23)。

图7-23 FigTree软件界面

五、思考与习题

1. 在 NCBI 下载葡萄（*Vitis vinifera*）查尔酮合成酶（chalcone synthase）（登录号：NP_001267879.1）及其同源蛋白序列，利用 IQ-TREE 构建系统发育树。

2. 尝试使用 iTOL（https://itol.embl.de/）和 Evolview（https://www.evolgenius.info/evolview/#/）美化系统发育树。

项目八　基因家族分析

基因家族是指起源于共同祖先基因并通过基因复制、分化而形成的一组同源基因。基因家族的成员在序列、结构和功能上具有一定的相似性。基因家族的来源可以追溯到早期生命形式的基因复制和分化事件,这些事件导致新基因的产生和物种的进化。随着测序技术的发展和大量物种基因组的测序,生物信息学方法被用来从海量的基因数据中鉴定基因家族。基因家族分析在科学研究中发挥着重要作用。通过对基因家族成员的比较分析,我们可以推断基因的进化历史、功能分化、表达调控机制,并为研究基因功能提供重要线索。此外,基因家族分析有助于识别新的功能基因,如新的酶、转录因子或受体,并可应用于基因组注释和物种进化关系构建等领域。总之,基因家族分析是从基因组水平研究基因进化和功能的重要手段,为揭示生命起源、进化和复杂性提供了独特视角,在基础研究和应用研究领域都具有重要意义。随着生物信息学的发展,基因家族分析必将在生命科学研究中扮演越来越重要的角色。

实验一　基因 ID 的获取

一、实验目的

以番茄蛋白组数据为材料,在了解 HMMER 软件搜索同源序列原理的基础上,熟练掌握软件的使用方法,并完成整个基因家族基因的鉴定。

二、实验原理

HMMER 是一款基于隐马尔可夫模型(hidden Markov model,HMM)的同源序列查找工具。HMMER 首先从一组已知的相关序列(如同一蛋白质家族)中学习并建立一个统计模型,这个模型就是 HMM。该 HMM 能够很好地捕捉和描述这些序列的保守区域、可变区域以及插入、缺失等统计特征。HMMER 将构建的 HMM 模型与目标序列数据库(通常指蛋白质数据库)进行比对。它采用一种类似Smith-Waterman的动态规划算法,计算每个数据库序列与HMM比对产生的概率得分。每个匹配序列会得到一个得分和E值,其中得分反映了序列与HMM的相似程度,E值表示在随机假设下看到这个得分的概率。HMMER根据统计显著性对结果进行排序,最终得到所有可能的基因家族成员。

三、实验材料

1.HMMER 3.4软件源码安装包,下载网址为http://eddylab.org/software/hmmer/hmmer-3.4.tar.gz。

2.栽培番茄(*Solanum lycopersicum*)Heinz1706蛋白组,下载地址为https://solgenomics.net/ftp/tomato_genome/Heinz1706/annotation/ITAG3.2_release/ITAG3.2_proteins.fasta)。

3.NRAMP基因家族的HMM模型(PF01566的下载地址:https://www.ebi.ac.uk/interpro/wwwapi//entry/pfam/PF01566?annotation=hmm)。

四、操作步骤

1.根据网站文档(http://www.hmmer.org/documentation.html)全局环境安装HMMER软件,将下载的番茄蛋白组文件(ITAG3.2_proteins.fasta)和NRAMP基因家族的HMM模型文件(PF01566.hmm)放到同一个目录下,如: ~/Desktop/family_test。

2.打开Mac电脑名为终端的软件,其他终端工具也可;输入cd ~/Desktop/family_test,回车进入目的文件夹family_test。

3.在打开的命令行窗口中,输入hmmsearch PF01566.hmm ITAG3.2_proteins.fasta > SlNRAMP.out,按回车键后程序开始运行;运行结束后,在当前family_test文件夹中,程序将运行结果保存名为SlNRAMP.out的文本文件(图8-1)。

```
lxmic@JFdeMac-mini family_test % hmmsearch PF01566.hmm ITAG3.2_proteins.fasta > SlNRAMP.out
lxmic@JFdeMac-mini family_test % ls
ITAG3.2_proteins.fasta   PF01566.hmm          SlNRAMP.out
```

图8-1 hmmsearch命令行及运行结果

4.在当前的命令行窗口中,输入Vim SlNRAMP.out,按回车键打开文件,查看程序运行结果;输入:set nu,按回车键后文档内容行首出现行号;本实验中,第17~25行是在番茄蛋白数据库中搜索到的可能是NRAMP家族的基因(图8-2)。

图 8-2　hmmsearch 搜索结果

5.在程序运行产生的 SlNRAMP.out 文件中,第 1~4 行是 HMMER 软件相关信息;第 6~7 行是查询用的 HMM 文件(query HMM file)和目标序列数据库(target sequence database);第 10~25 行是搜索到的结果,其中第 17~25 行中的 Sequence 列是程序获取到的 9 个番茄 NRAMP 基因家族 ID 号;第 28 行开始,是每个基因与 HMM 文件比对的具体信息。

6.在打开的 SlNRAMP.out 命令行窗口中,输入:q,按回车键关闭文件,回到命令行窗口 family_test 目录;输入 sed － n ′17,25p′ SlNRAMP.out ｜ awk ′{match($0, /Solyc[^]+/); if (RSTART > 0) print substr($0, RSTART, RLENGTH)}′ > Nramp_IDs.txt,按回车键后生成 Nramp_IDs.txt 文件;该文件为第 17~25 行中 NRAMP 基因 ID;输入 cat Nramp_IDs.txt,浏览该文件内容(图 8-3)。

图 8-3　批量提取 NRAMP 基因 ID

五、思考与习题

1.除 HMMER 工具外,还有哪些方法可找到某个特定的基因家族成员?

2.以番茄 AAE 家族为目标,获取该家族所有成员的 ID 号。

3.如果没有 NRAMP 基因家族的 HMM 文件,该如何使用 HMMER 软件构建 NR?

实验二　基因序列获取及结构域验证

一、实验目的

以 Nramp_IDs.txt 为材料,熟练掌握 TBtools 软件的使用方法,完成蛋白序列批量提取并用NCBI网址的CD-Search在线工具验证蛋白序列中NRAMP结构域。

二、实验原理

　　TBtools是一款生物大数据综合分析的开源工具包,它整合与开发了多种生信分析工具,利用Fasta Extract序列提取工具从番茄蛋白质组文件ITAG3.2_proteins.fasta中批量提取目的序列。进一步利用CD-Search工具的保守结构域识别功能来确定是否属于NRAMP基因家族。

三、实验材料

　　1.Nramp_IDs.txt文件(本项目实验一中获得)。

　　2.TBtools软件,下载网址:https://tbtools.cowtransfer.com/s/0a9cbf41b47b4a。

　　3.CD-Search工具,网址:https://www.ncbi.nlm.nih.gov/Structure/bwrpsb/bwrpsb.cgi。

四、操作步骤

　　1.打开TBtools软件,选择Sequence Toolkit—Fasta tools—Fasta Extract (recommended);在Set an Input Fasta File选项中,单击空白框右侧…,选择ITAG3.2_proteins.fasta文件(或者直接拖拽该文件至空白框,即可完成选择);在Output Fasta File选项中,单击空白框右侧…,选择输出文件的位置并命名为nramp_protein.fasta;在Set Input ID list选项中,单击空白框右侧…,选择Nramp_IDs.txt文件;在Other Options选项中,可勾选Fasta Header Patter Match;单击Start按钮,程序开始批量提取蛋白序列;运行结束,nramp_protein.fasta文件会保存在family_test文件夹中(图8-4)。

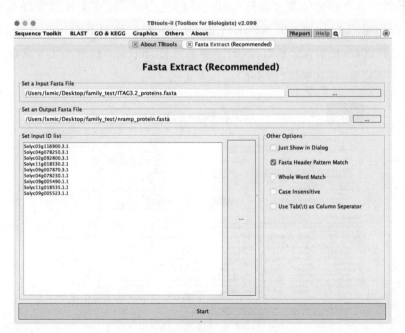

图8-4　TBtools批量简化蛋白序列名

2.打开 TBtools 软件,选择 Sequence Toolkit—Fasta tools—Fasta ID Simplify;在 Set a Input Fasta File 选项中,单击空白框右侧…,选择 nramp_protein.fasta 文件;在 Output Fasta File 选项中,单击空白框右侧…,选择输出文件的位置并命名为 nramp_simpleID.fasta;单击 Simplify My Sequences'ID…;运行结束,nramp_simpleID.fasta 会保存在 family_test 文件夹中(图 8-5)。

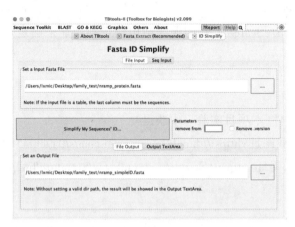

图 8-5　TBtools 批量提取 Nramp 蛋白序列

3.打开 CD-Search 在线工具,Launch a new search 的空白框中粘贴 nramp_simpleID.fasta 中的序列或者单击空白框下面的选取文件选项,选择 nramp_simpleID.fasta 文件;在 Email address 选项的空白框中填入自己的邮件地址;单击 Submit,运行完成后,展示的结果如图 8-6 所示。

4.在 Select Download data 选项中,选择 Domain Hits 和 Standard(Data mode)参数;单击 Download,下载并保存搜索结果文件至 family_test 文件夹中,默认文件名为 hitdata.txt。根据搜索结果,我们可以看到前 5 个基因 E-Value 小,匹配序列更长(From To),可以判定为 Nramp 基因家族成员;最后 4 个基因,匹配序列不完整,Incomplete 列出现 N 或 C,表示 Nramp 保守结构域并不完整,将其剔除(图 8-6)。

图 8-6　CD-Search 蛋白保守结构域搜索结果

五、思考与习题

1.除了 CD-Search 工具,还有哪些工具或软件可以识别鉴定蛋白保守结构域?

2.尝试是否能用命令行工具实现 TBtools 的功能?

3.蛋白具有某家族保守特征结构域,是否就一定属于该基因家族? 图 8-6 中 Solyc09g007870 是具有 Nramp 保守结构域,但在图 8-2 中显示为 ethylene sigling protein(乙烯信号转导蛋白),两者存在矛盾,能否找到相关文献来证明该基因属于前者还是后者?

实验三　基因家族染色体分布可视化

一、实验目的

将实验 8.1 和 8.2 中鉴定到的 Nramp 基因家族基因,以可视化的形式展示其在染色体上的分布情况。

二、实验原理

基因组测序完成后,需对整个基因组进行注释,注释信息通常包含基因的位置(基因的起始和终止位置)、基因结构(外显子、内含子、5'UTR 和 3'UTR 等)、蛋白质功能预测和同源性信息等。高质量的基因组注释对深入理解生物学功能和开展后续研究至关重要。注释信息通常以通用的文件格式如 GFF 或 GTF 等形式提供。根据基因组注释文件,就可以确定目的基因在染色体的位置。

三、实验材料

1.TBtools 软件,下载网址:https://tbtools.cowtransfer.com/s/0a9cbf41b47b4a。

2. Nramp_5IDs. txt 文件,包含 5 个鉴定到的 Nramp 基因 ID:Solyc11g018530.2、Solyc04g078250.3、Solyc02g092800.3、Solyc03g116900.3 和 Solyc09g007870.3。

3. 番茄基因组注释文件 ITAG3.2_gene_models.gff,下载地址:https://solgenomics.net/ftp/tomato_genome/Heinz1706/annotation/ITAG3.2_release/ITAG3.2_gene_models.gff。

四、操作步骤

1.在 family_test 文件夹中,新建文件 Nramp_5IDs.txt 文件,文件内容为实验 8.2 中鉴定到的 5 个 Nramp 基因 ID,每行一个基因 ID。

2.用文本文档软件打开 ITAG3.2_gene_models.gff,将注释中的所有 ID=gene:、ID=exon:、ID=CDS:和 ID=mRNA:字符串替换为 ID=字符串;同时将 mRNA:替换为无字符(等同于删除 mRNA:);然后保存 gff 注释文件为 ITAG3.2_gene_change.gff。

3. 打开 TBtools 软件,选择 Graphics—Show Genes on Chromosome—Gene Location

Visualize from GTF/GFF；在 Set Input .gff or .gtf File 选项中，单击空白框右侧…，选择 ITAG3.2_gene_change.gff 文件；在 Set Input Gene ID List 选项中，单击空白框右侧…，选择 Nramp_5IDs.txt；在 Other Options 选项中，不勾选 Only Show Gene-Matched Chr；单击 Start，运行结束，在新窗口显示基因在染色体上的分布（图8-7）。

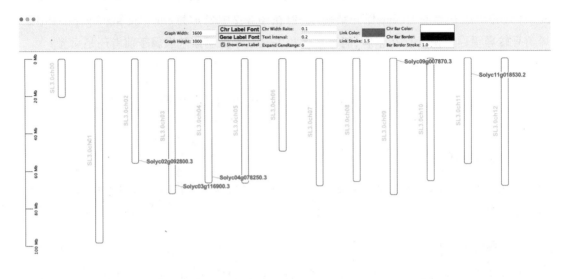

图8-7　Nramp基因在染色体上的分布

4.运行结果中，包含了染色体长度（最左边标尺，单位 Mb）、所有番茄染色体（圆角矩形）、染色体名称（黄色字体）和基因ID（红色字体）；单击窗口右下角 Save Graph，可以保存不同格式的照片；若要进行后续编辑美化，可保存 pdf 文件格式，用 Adobe illustrator 工具进行调整。

五、思考与习题

1.为什么要进行 ID=gene:等字符串替换为 ID=字符串这一步？如果不做这一步，得到的结果是什么？确定基因在染色体的分布，主要用到 gff 注释文件中的哪些内容？

2.番茄一共有12条染色体，但图8-7中，多了一条 SL3.0ch00，这条染色体代表什么？

3.番茄基因 ID 中，各个部分分别代表什么含义？比如 Solyc11g018530.2.1，其中 Solyc、11g、018530、.2和.1各有什么含义？

实验四　基因家族 motif 分析及可视化

一、实验目的

在了解 motif 概念的基础上,利用 MEME Suite 在线工具,批量鉴定 Nramp 基因家族成员蛋白质中保守的结构域或序列模式,有助于推断基因的进化关系、预测蛋白质的功能和阐明基因家族的功能多样性。

二、实验原理

motif 分析指通过比较和统计分析一组序列中的保守模式,鉴定可能具有重要生物学意义的序列片段。常用的 motif 分析方法包括基于序列比对、概率模型、序列组成和结构信息等。

三、实验材料

1.Nramp 基因家族蛋白序列文件 Nramp_5pep.fasta。

2.TBtools 软件,下载网址:https://tbtools.cowtransfer.com/s/0a9cbf41b47b4a。

3.MEME 在线工具,网址:https://meme-suite.org/meme/tools/meme。

四、操作步骤

1.在 family_test 文件夹中新建子文件夹 Motif_find;新建并打开 Nramp_5pep.fasta 文本文件,将 5 个 Nramp 蛋白序列以 fasta 格式粘贴,基因 ID 为 Solyc11g018530.2.1、Solyc04g078250.3.1、Solyc02g092800.3.1、Solyc03g116900.3.1 和 Solyc09g007870.3.1,然后保存。

2.打开 MEME 网站,单击 Motif Discovery—MEME;在 Input the primary sequences 选项中,单击选取文件,选择 Nramp_5pep.fasta 文件;在 Select the number of motifs 选项中,可以调整 motif 数量,例如调整为 8;单击 Advanced options,在 How wide can motifs be? 选项中,可以调整 motif 序列长度,默认 6-50 aa;单击 Start Search,网站开始运行;运行结束窗口刷新,Results 部分展示 output 结果(图 8-8)。

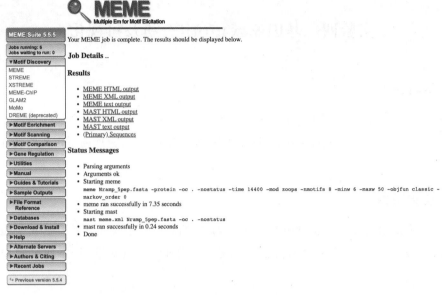

图8-8　MEME motif discovery运行结束界面

3.在运行结果中,主要有两类文件输出文件MEME和MAST,各三种格式包括HTML、XML和text;单击MEME HTML output,显示motif的具体信息(图8-9),主要包括Motif Logo、E-value(可信度)、Width(大小长度)以及Motif Locations;MAST HTML output内容较为相似,可自行查看。

图8-9　蛋白motif序列信息

4.右键单击 MAST XML output,下载链接文件,保存至 motif_find 文件夹,文件名为 mast.xml。

5.打开 TBtools 软件,选择 Graphics—BioSequence Structure illustrator—Visualize Motif pattern (from meme.xml/mast.xml (MEME.suite));在 Set Input Mast.xml or MEME.xml file from MEME.suite 选项中,单击空白框右侧…,选择 mast.xml 文件;在 Set Input ID list 选项中,在空白框中输入基因 ID Solyc11g018530.2.1、Solyc04g078250.3.1、Solyc02g092800.3.1、Solyc03g116900.3.1 和 Solyc09g007870.3.1;单击 Start,开始运行;结束后在新窗口展示各蛋白的 motif 位置(图 8-10)。

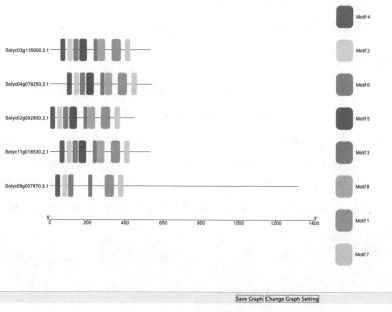

图 8-10　motif 的数量及分布

五、思考与习题

1.MEME 除了可以预测 motif,还有哪些用途? 如何实现类似 Motif Enrichment 这样的功能?

2.图 8-9 中,motif logo 的氨基酸字母大小各不相同,字母大小代表什么?

3.如何下载高清 motif Logo 图片? 或如何根据 MEME 提供的数据,自己生成 SeqLogo 图片?

实验五　基因家族基因结构可视化

一、实验目的

将 Nramp 基因家族基因的结构(内含子和外显子)和进化树联合,进行可视化分析。

二、实验原理

根据基因组注释文件,区分基因家族成员的内含子、外显子和UTR;构建进化树,分析内含子和外显子分布与进化关系关联性。

三、实验材料

1.TBtools软件,下载网址:https://tbtools.cowtransfer.com/s/0a9cbf41b47b4a。

2.MEGA软件,下载网址:https://www.megasoftware.net/home。

3.实验8.3注释文件ITAG3.2_gene_change.gff。

4.实验8.4基因家族的蛋白序列为Nramp_5pep.fasta。

四、操作步骤

1.参考实验七系统发育分析,打开MEGA软件,构建Nramp基因家族进化树,并导出为Nramp.nwk进化树文本文件,将其保存在family_test文件夹中。

2.打开TBtools,选择Graphics—BioSequence Structure illustrator—Gene Structure View (Advanced);在Set Newick Tree String/Gene ID List选项中,将Nramp.nwk直接拖入空白处(即显示进化树文本内容);在Set Input .gff3 or .gtf File选项中,将注释文件ITAG3.2_gene_change.gff拖入空白处;单击Start,程序开始运行;运行结束后,新窗口显示可视化结果(图8-11)。

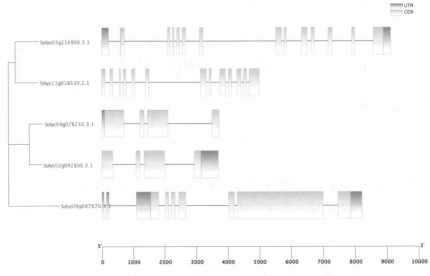

图8-11 基因家族基因结构与系统发育联合分析结果

3.运行结果包含进化树和基因结构,左侧是进化树,右侧是基因结构;右上方是图例UTR和CDS,最下方是标尺指示基因长度;从系统发育树看,亲缘关系近的基因结构类似,例如,Solyc03g116900和Solyc11g018530,Solyc04g078250和Solyc02g092800;亲缘关系远的基因结构差异较大。

五、思考与习题

能否将 Nramp 基因家族 domain 与 motif 预测结果，联合基因结构与系统发育同时可视化？

实验六　基因家族表达模式分析

一、实验目的

以 Nramp 基因家族为目标，在了解 Tomato Expression Atlas（TEA）和 The Bio-Analytic Resource for Plant Biology（BAR）在线工具的基础上，挖掘分析 Nramp 基因家族成员的基因表达模式。

二、实验原理

利用在线网址 TEA 和 BAR 基因表达数据库，分析基因家族表达模式，以推测 Nramp 基因发挥生物学功能的组织部位，为后续进一步研究其功能奠定基础。

三、实验材料

1. Nramp 基因家族成员 ID：Solyc11g018530、Solyc04g078250、Solyc02g092800、Solyc03g116900 和 Solyc09g007870。

2. TEA 在线工具，网址：https://tea.solgenomics.net/expression_viewer/input。

3. BAR 在线工具，网址：https://bar.utoronto.ca/eplant_tomato/。

四、操作步骤

1. 打开 TEA 网站，在 By Custom List 选项中，单击空白框，输入 5 个基因 ID；单击 Get Expression，开始查找（图 8-12）。

2. 运行结束，网站显示 Expression Cube；可以查看每个基因在不同果实发育时期表达水平（图 8-13）；单击基因 ID，会展示该基因在果实中的表达情况。

3. 单击 Download Expression Data，可下载原始表达数据，方便自己对数据进一步可视化。

4. 如果要具体看某个基因，TEA 网站的 By Gene ID 选项下的空白框中，输入基因 ID，比如 Solyc04g078250；单击 Get Expression，显示该基因以及相关性较高基因在果实中的表达模式（图 8-14）。

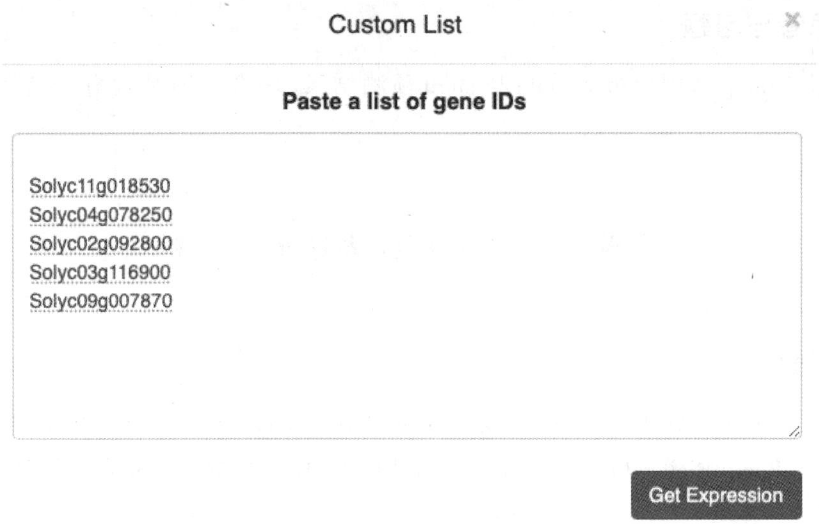

Custom List

Paste a list of gene IDs

Solyc11g018530
Solyc04g078250
Solyc02g092800
Solyc03g116900
Solyc09g007870

Get Expression

图 8-12 基因 ID 输入

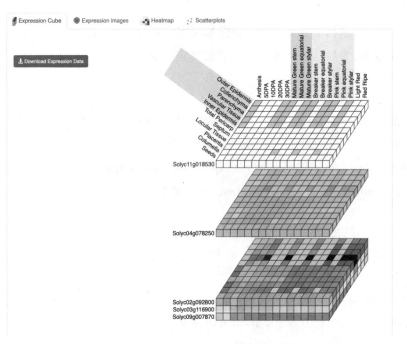

图 8-13 基因家族在果实中的表达模式

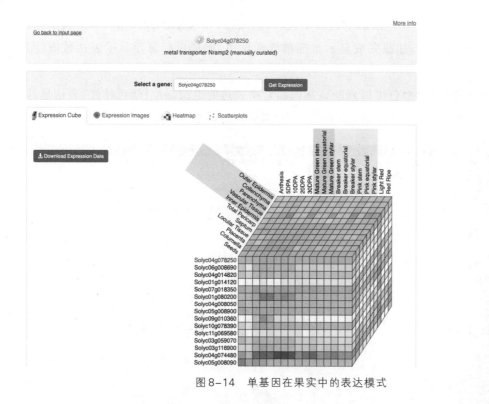

图 8-14　单基因在果实中的表达模式

5.单击 Expression images,显示 Solyc04g078250 果实横切示意图中的表达模式,将鼠标悬于图片上,显示该基因的表达量(图 8-15)。

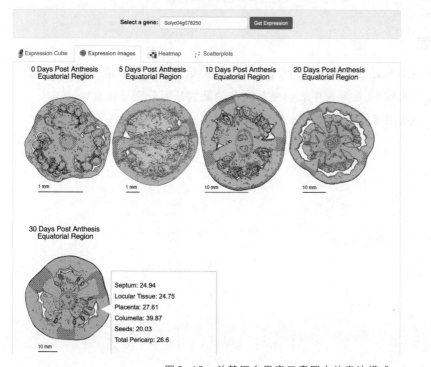

图 8-15　单基因在果实示意图中的表达模式

6.打开BAR网站,在左上角的空白框中,输入基因ID,如Solyc04g078250;单击🔍图标,网页工具开始加载数据;加载完成显示番茄植株示意图,同样鼠标悬浮显示表达数值(图8-16)。

7.运行结果中,通过颜色可以判断该基因相对高表达的组织部位;颜色越红,表达量越高;该基因在根和果实部分颜色相对较深,表明该基因可能在根和果实中表达较多。

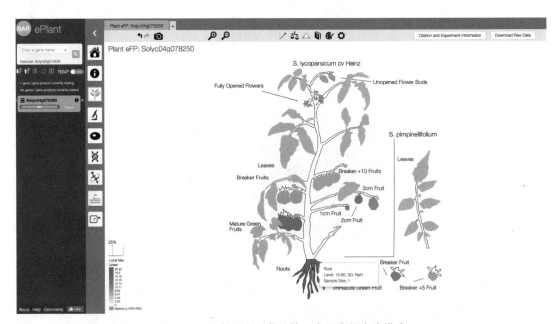

图8-16 单基因在番茄植株示意图中的表达模式

五、思考与习题

1.如果你要克隆番茄Nramp家族基因,TEA和BAR能够给你提供何种帮助或者启发?

2.番茄Nramp基因家族中,在叶片中表达量最高和最低的基因分别是什么?

3.下载番茄Nramp基因家族果实表达数据,用热图方式呈现表达模式。

项目九 转录组数据分析

转录组学是生物信息学的一个重要分支,它主要关注细胞或组织在特定条件下的RNA分子的全貌,包括mRNA、非编码RNA等。通过对转录组数据的分析,我们可以了解基因的表达模式、调控网络以及生物学功能,从而揭示生物体的生理和病理过程。此外,通过分析转录组数据,我们可以识别在不同条件下表达的基因,了解它们的表达水平、剪接变异以及调控机制。这些信息对于我们理解生物学过程、发现疾病相关基因以及开发新的治疗方法都具有重要意义。

RNA测序(RNA-seq)技术是转录组学研究中的核心工具之一,相比传统的芯片技术,RNA-seq具有更高的灵敏度、更广泛的动态范围以及更低的技术偏差。近年来,随着测序价格的下探,RNA-seq已成为分子生物学研究的重要手段之一,RNA-seq数据分析受到科研人员的青睐。

单细胞RNA测序(Single-cell RNA sequencing,scRNA-seq)是一种先进的生物技术,它允许科学家对单个细胞的转录组进行详细的分析。这项技术的原理基于传统的RNA-seq,但与之不同的是,scRNA-seq不是混合多个细胞的RNA进行测序,而是分别对每个细胞的RNA进行单独测序。这样的方法使研究人员能够揭示细胞间的异质性,即不同细胞类型或同一细胞类型的不同细胞在基因表达水平上的差异。此外,scRNA-seq技术在免疫学、发育生物学、神经科学以及癌症研究等多个领域都有着广泛的应用,它帮助科学家揭示复杂的细胞交互作用网络,以及细胞在发育过程中如何分化和转变成不同的功能状态。

实验一 RNA-seq数据分析

一、实验目的

了解转录组学相关知识,掌握RNA-seq数据分析的方法和操作。

二、实验原理

RNA-seq基于高通量测序技术,能够对细胞或组织的总RNA进行深度测序,从而获得全面的转录组数据。RNA-seq技术的核心步骤包括RNA提取,互补DNA(cDNA)合成,接头连接,PCR扩增,然后利用高通量测序平台进行测序。通过对测序数据的分析,我们可以获得每个基因的表达水平、剪接变异以及非编码RNA的信息。目前二代测序应用广泛,获得的cDNA reads都在200bp以下,结果稳定,平台内和平台间的相关性都很好。该方案分析流程包括:①使用fastp对测序数据进行质控;②使用hisat2-built对参考基因组构建索引;③使用hisat2将质控数据比对至参考基因组;④使用samtools对sam文件排序;⑤使用featureCounts对排序后的文件进行计数,获取表达矩阵。

三、实验材料

1.VirtualBox6.0.10虚拟机。

2.虚拟电脑class下载链接:https://pan.baidu.com/s/175vsgLIB2fBzNhalTgXzEg?pwd=84ei。

3.RNA-seq示例数据存放在虚拟电脑class的/home/class/project/RNA-seq/demo_data目录。

4.本实验所用软件已安装在虚拟电脑class中:fastp,hisat2,featureCounts,samtools。

四、操作步骤

1.打开虚拟机软件,导入下载好的虚拟电脑文件class.ova,电脑配置要求8G运行内存,4线程CPU,100M显存,并开启CPU虚拟化(图9-1)。

图9-1 新建并导入虚拟电脑class

2.打开虚拟电脑class。

3.打开命令行界面,进入demo_data目录:cd /home/class/project/RNA-seq/demo_data。其中fastq文件夹存放的是测试数据文件,genome文件夹存放的是基因组文件。

4.运行激活脚本:source /home/class/project/run.sh。

5.查看fastp帮助文档:fastp -h(图9-2)。

图9-2 激活运行环境

6.使用fastp对双端测序数据CK1.1.fq.gz和CK1.2.fq.gz进行质控,然后分别输出CK1_1.qc.fq.gz和CK1_2.qc.fq.gz文件: fastp -i fastq/CK1.1.fq.gz -I fastq/CK1.2.fq.gz -o CK1_1.qc.fq.gz -O CK1_2.qc.fq.gz -h CK1_report.html(图9-3)。

参数说明:-i输入read1文件;-I 输入read2文件;-o输出质控后的read1文件;输出质控后的read2文件;-h输出质控报告。

图9-3 数据质控

113

7.使用hisat2-built构建genome.fa参考基因组索引:hisat2-build -p 4 genome/genome.fa os(图9-4)。

参数说明:-p使用线程数;os输出文件前缀名。

图9-4　新建索引文件

8.使用hisat2将质控后的数据比对至参考基因组索引并使用samtools进行排序:hisat2 -p 4 -x os -1 CK1_1.qc.fq.gz -2 CK1_2.qc.fq.gz | samtools sort -@ 4 -o CK1.sort.bam(图9-5)。

参数说明:-p使用线程数;-x索引前缀名;-1输入read1文件;-2输入read2文件;-@使用线程数;-o输出bam文件。

图9-5　将数据比对至参考基因组

9. 使用 featureCounts 对 CK1.sort.bam 进行 read 计数：featureCounts −T 4 −p −t exon −g gene_id −a genome/genes.gtf −o CK1_count.txt CK1.sort.bam（图 9-6）。

参数说明：−T 使用线程数；−p 指定双端测序；−t 在 GTF 注释中指定特征类型；−g 在 GTF 注释中指定属性类型；−a 基因组注释文件；−o 输出文件名及路径。

图 9-6 对比对数据进行计数

10. 查看 RNA-seq 分析生成的文件：ls −lh。其中 report.hml 文件是质控报告，count.txt 是表达矩阵，txt.smmary 是比对数据运行摘要，sort.bam 是排序后的比对数据（图 9-7）。

图 9-7 查看输出文件

五、思考与习题

1.使用虚拟电脑 class 的/home/class/project/RNA-seq/demo_data 示例数据进行练习。

2.使用虚拟电脑 class 的/home/class/project/RNA-seq/full_data 完整数据进行练习。

实验二　单细胞RNA测序数据分析

一、实验目的

了解单细胞 RNA 测序(scRNA-seq)数据分析方法。

二、实验原理

scRNA-seq 技术不仅推动了细胞生物学的研究,使我们能够更深入地理解细胞状态和细胞命运的决定机制,还为疾病研究提供了新的视角。例如,通过比较健康和疾病状态下的单细胞转录组,研究人员可以识别出与疾病相关的特定细胞类型或基因表达模式。

scRNA-seq 技术的工作流程通常包括:首先,从组织样本中分离出单个细胞。再对每个单细胞的 RNA 进行逆转录,生成互补 DNA(cDNA)。接下来,通过 PCR 扩增 cDNA,并对其进行测序。最后,使用生物信息学工具(本次实验使用 Seurat 包)分析测序数据,以确定每个细胞的基因表达谱。

三、实验材料

1.VirtualBox6.0.10虚拟机。

2.虚拟电脑 class。

3.RNA-seq 示例数据存放在虚拟电脑 class 的/home/class/project/scRNA-seq/data 目录。

4.使用脚本:/home/class/project/scRNA-seq/pipline.R。

四、操作步骤

1.打开虚拟电脑 class。

2.打开命令行界面,进入 scRNA 目录 cd project/scRNA-seq/,查看脚本 head pipeline.R(图9-8)。

图9-8 查看脚本

3.激活 Seurat 分析环境"s1":conda activate s1。

4.运行 R 语言的分析脚本 pipeline.R:Rscript pipeline.R(图9-9)。

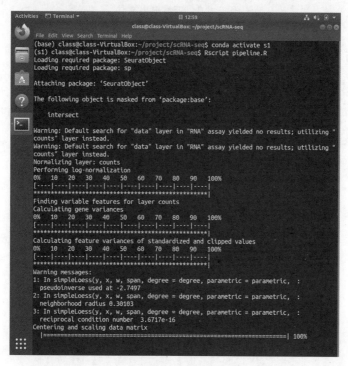

图9-9 运行脚本

5.查看分析结果:ls -lh。可以创建本地电脑的共享文件夹并查看结果图片 file:///home/class/project/scRNA-seq/。其中,umap.png是降维后的细胞聚类结果,vlnplot.png是过滤前后的细胞数,Rplots.pdf是所有结果的矢量图(图9-10)。

图9-10　查看输出文件

五、思考与习题

1.单细胞转录组测序在分子生物学中有哪些应用?

2.从NCBI下载感兴趣的单细胞转录组测序数据进行分析。

项目十 叶绿体基因组的组装与注释

叶绿体是绿色植物最重要的细胞器之一,它不仅是光合作用的场所,也是色素、脂类物质、激素和核糖体等合成的重要细胞器。此外,叶绿体还参与环境信号的响应,在逆境响应中起着重要作用。叶绿体基因组以双链环状形式存在于叶绿体中,具有结构保守、母性遗传和单倍性等特点,近年来在遗传结构、比较基因组、物种鉴定、驯化历史追溯和遗传多样性等研究中得到了广泛应用。被子植物叶绿体基因组 DNA 的长度通常在 115~165kb,由 2 个反向重复(inverted repeat, IR)、1 个大单拷贝区(large single copy, LSC)和 1 个小单拷贝区(small single copy, SSC)组成。叶绿体基因组的基因包括编码蛋白基因、rRNA 基因和 tRNA 基因等,它们参与转录、蛋白质的生物合成、光化学反应、淀粉生成和逆境防御等过程。拼接叶绿体基因组的软件或程序较多,如 IOGA(iterative organellar genome assembly)、NOVOPlasty、GetOrganelle、ChloroExtractor、Fast-Plast 和 org. ASM 等,本实验分别采用 NovoPlasty 和 GetOrganelle 进行组装,再利用 CPGAVAS2 进行注释。

实验一 利用 NovoPlasty 组装叶绿体基因组

一、实验目的

以二代测序数据为材料,在了解 NOVOPlasty 组装叶绿体基因组的原理的基础上,熟练掌握软件的使用方法,并完成叶绿体基因组的组装。

二、实验原理

NOVOPlasty 是一种基于种子序列扩展的组装工具,它将序列存储在哈希表中,以便快速访问和读取数据。组装由一个种子序列启动,但它不用于组装。根据种子序列,在 NGS 数据中匹配到一条 read 的基础上,从哈希表中读取序列,将相似的 reads 归于一组,并生成一致序列,实现拼接序列的延伸。当拼接序列达到预期大小,同时两端重叠区超过200bp时成环,叶绿体基因组组装完成。

三、实验材料

1.Windows版NOVOPlasty 2.6.3程序,下载网址为https://github.com/ndierckx/NOVOPlasty。

2.华山姜(*Alpinia oblongifolia*)的clean reads文件HUASJ_R1.fq.gz和HUASJ_R2.fq.gz,解压后使用。

HUASJ_R1.fq.gz文件　　　　HUASJ_R2.fq.gz文件

3.草果药(*Hedychium spicatum*)的*matK*基因 *J01*。

ATGGAAGAATTACAAGGATATTTAGAAGAAGATAGATCTCGGCAACAACAGTTTCT
ATATCCACTTCTCTTTCAAGAATATATTTACGTATTTGCTTATGATCATGGGTTAAATAGT
TCAATTTTTTATGAACCCCAAAACTCCTCGGGTTATGACAATAAATTTAGTTCAGTACTT
GTGAAACGTTTAATTATTCGAATGTATCAAAAAAATTATTTGATTTATTCGGTTAATGAT
ATTTACCAAAATATATTTGTTGGGCATAACAATTATTTTCATTTTTTTTCTCAGATTCTAT
CTGAAGGTTTTGCAGTCATTGTAGAAATTCCATTTTCGCTGCAGTTAATATCTTCCCTTG
AAGAAAAAGAAATACCAAAATCTCACAATTTACAATCTAGTCATTCAATATTTCCTTTTT
TAGAGGATAAATTATTGCATTTAAATTATCTTTCCGATATACTAATACCCTATCCCGTCC
ATATGGAAATCTTGGTCCAAATGCTTCAATCCTGGATCCAGGATGTTCTCTCTTTACATT
TATTGCAGTTCCTTCTCCACGAATATTATAATTGGAATAGTCTCATTATTCCGAAAAAAT
CTATTTACGTATTTTCAAAAGAAAATAAAAGACTATTTTGGTTCTTATATAATTTATATA
TATATGAATACGAATTTCTATTAGTGTTTCCTTGTAAACAATCCTCTTTTTTACGATTAAT
ATCTTCTGGAGTCCTTCTTGAGCGAATACATTTTTATGTAAAAAAAGAACATCTTGGAGT
GTGCCGAATTTTTTGTCAGAAGACTCTATGGATTTTCAAGGATCCTTTCATACATTATAT
TCGATATCAAGGAAAATCTATTCTGGGTTCAAGAGGGACTCATTTTTTGATGAAGAAAT
GGAAATACCACCTTGTTAATTTTTGGCAATATTATTTTCATTTTTGGTCTCAACCATATAG
GATTGATATAAAGAAATTATCAAACTATTCTTTTTATTTTCTGGGTTATTTTTCAAGTGTA
CAAATTAATTCTTCGATGGTAAGGAATCAAATGCTAGAGAATTCATTTCTAATGGATAC
TTTTACTAATAAATTTGATACCATAATCCCAATTATTCCTCTTATTCGATCATTGTCTAAA
GCTCAATTTTGTACCGTATCTGGATATCCTATTAGTAAACCAATTTGGACCGATTTAGCG
GATTGTGTATATTATTAATAGATTTGGTCGGATATGTAGAAAGCTTTCTCACTATCACAGT
GGATCCTCAAAAAAACAGAGTTTGTATCGAATGAAGTATATACTTCGACTTTCATGTGC

CAGAACTTTGGCCCGTAAACATAAAAGTTCAGCACGCAGTTTTTTGCAAAG
ATTAAGTTCGGGATTATTAGAAGAATTCTTTACGGAAGAAGAACAAGTTAT
TTTTTTGATCTTTCCAAAAATAATTTCTTTTTATTTATATGTATCATATAGAG
AACGTATTTGGTATTTGGATATTATCCGTATCAATGACCTGGTAAATTGTTT
ATTAGTCACGACATAA

J01.txt 文件

四、操作步骤

1.将程序和数据放在同一个目录,如 C:\HUASJ。

2.打开 config_win.txt 文件,将 Project name 取名为 HUASJ,其他名称也可;Insert size 和 Read Length 分别为 350 与 150;Single/Paired 设为 PE;Forward reads 与 Reverse reads 分别为 HUASJ_R1.fq 和 HUASJ_R2.fq,种子序列 Seed Input 设为 matK.txt。

3.利用快捷键 +R 打开运行窗口,输入 cmd,单击确定(图 10-1)。

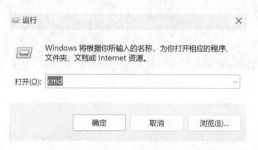

图 10-1 CMD命令行窗口

4.在打开的 CMD命令行窗口,输入 CD C:\HUASJ,切换至数据和程序所在目录;输入 PERL NOVOPlasty2.6.3_win.pl -c config_win.txt,按回车键后程序开始运行(图 10-2)。

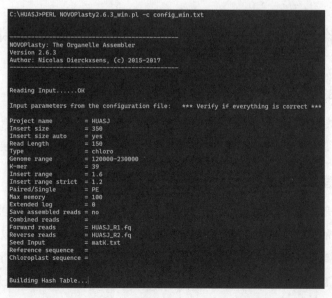

图 10-2 NOVOPlasty 2.6.3运行界面

5.运行结束后,CMD命令窗口出现contigs数量、最大contig、最小contig、插入片段平均大小(average insert size)、总reads数(total reads)、组装的reads数(assembled reads)和平均覆盖深度(average organelle coverage)等信息(图10-3)。在C:\HUASJ目录出现一个名为Circularized_assembly_1_HUASJ.fasta的文件,该文件为组装成功的叶绿体基因组,可用于后续的注释和分析。

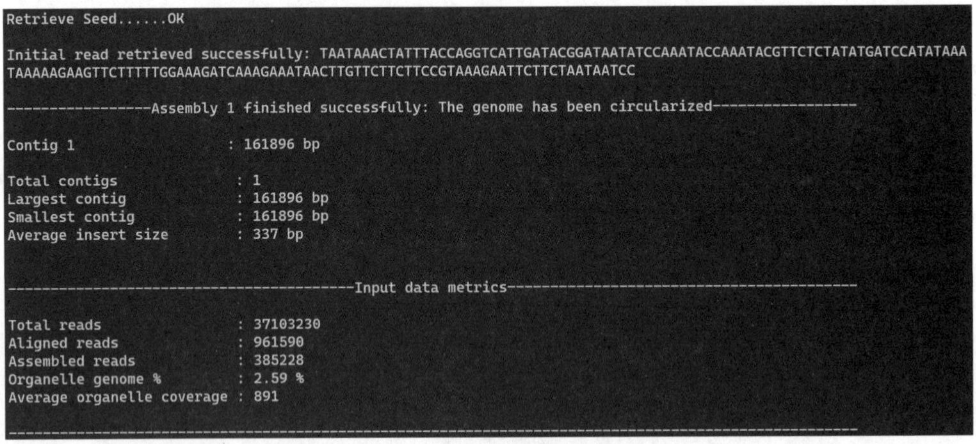

图10-3　NOVOPlasty 2.6.3运行结束界面

五、思考与习题

1.除 NOVOPlasty 和 GetOrganelle 外,还有哪些可用于叶绿体基因拼接的程序或软件?

2.NOVOPlasty 还可用于线粒体基因组的拼接,查阅资料,以华山姜高通量测序数据为材料,利用 NOVOPlasty 组装线粒体基因组。

实验二　利用 GetOrganelle 组装叶绿体基因组

一、实验目的

以拟南芥公共数据库二代测序数据为材料,在了解 GetOrganelle 组装叶绿体基因组原理的基础上,熟练掌握该软件的使用方法,并完成拟南芥叶绿体基因组的组装。

二、实验原理

GetOrganelle 是一款基于高通量测序数据的质体组装软件,可用于不同生物(包含植物、动物、真菌等)的完整叶绿体和线粒体基因组的组装。其主要组装流程包含序列筛选和提取、序列比对和组装、多策略优化组装、组装结果输出等。该软件具有分析高效、结果准确、过程灵活等优势,被广泛应用于高等植物叶绿体基因组的组装分析。在通过 GetOrganelle 完成质体基因组组装后,可利用 Bandage 软件可视化组装结果。

三、实验材料

1.拟南芥二代测序数据(下载地址:https://github.com/Kinggerm/GetOrganelleGallery/raw/master/Test/reads/Arabidopsis_simulated.1.fq.gz;https://github.com/Kinggerm/GetOrganelleGallery/raw/master/Test/reads/Arabidopsis_simulated.2.fq.gz)。

2.GetOrganelle软件(版本1.7.7.1),官方主页为https://github.com/Kinggerm/GetOrganelle;推荐使用conda安装:conda install -c bioconda getorganelle。

3.Bandage软件(版本0.8.1),官方主页为https://rrwick.github.io/Bandage/。

四、操作步骤

1.调用GetOrganelle的get_organelle_config.py脚本,获取植物叶绿体和线粒体序列数据库。在终端输入get_organelle_config.py --add embplant_pt, embplant_mt,回车后运行命令(图10-4)。--add参数指定需要添加的数据库类型,示例中为有胚植物叶绿体(embplant_pt)与线粒体(embplant_mt)数据库。

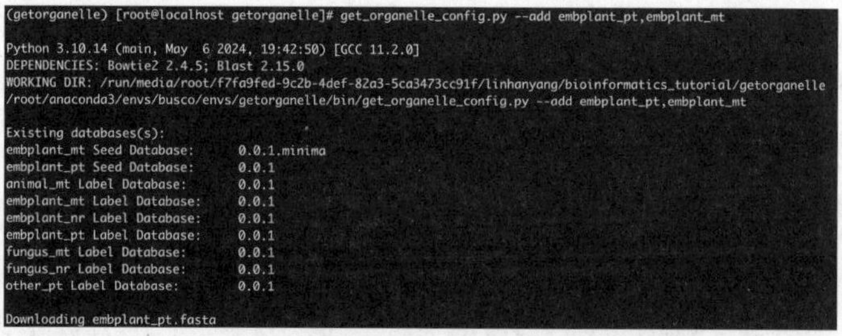

图10-4　获取植物质体序列数据库

2.调用GetOrganelle的get_organelle_from_reads.py脚本,基于拟南芥示例数据进行叶绿体基因组的组装。在终端输入get_organelle_from_reads.py -1 Arabidopsis_simulated.1.fq.gz -2 Arabidopsis_simulated.2.fq.gz -t 1 -o Arabidopsis_simulated.plastome -F embplant_pt -R 1,回车后运行命令(图10-5)。-1和-2参数指定输入的双端高通量测序数据文件,-t参数指定运行使用的线程数,-o参数指定输出文件目录,-F参数指定拼接的质体类型(与数据库类型对应),-R参数指定运行迭代数;除了示例命令中的参数,还可利用-s参数指定种子序列文件、-w参数指定碱基处理字长等,完整参数信息可参考帮助文档(-h)。

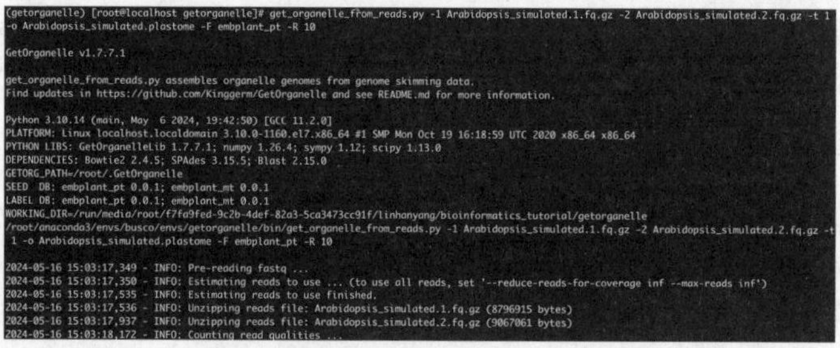

图10-5　质体基因组的组装日志示例

3.组装完成后,生成一系列输出文件(图10-6),其中包含complete字段的文件,即完整成环的质体组装结果文件。实际分析时,如遇到组装未成环的情况,可通过调整组装时的各项参数进行多次分析。示例结果中,embplant_pt.K115.complete.graph1.1.path_sequence.fasta即组装获得的拟南芥完整叶绿体基因组DNA序列文件,embplant_pt.K115.complete.graph1.selected_graph.gfa为对应的基因组组装图谱文件。

```
(getorganelle) [root@localhost Arabidopsis_simulated.plastome]# ls -l
total 15236
-rw-r--r--.  1 root root   154510 May 16 15:04 embplant_pt.K115.complete.graph1.1.path_sequence.fasta
-rw-r--r--.  1 root root   154510 May 16 15:04 embplant_pt.K115.complete.graph1.2.path_sequence.fasta
-rw-r--r--.  1 root root   128840 May 16 15:04 embplant_pt.K115.complete.graph1.selected_graph.gfa
-rw-r--r--.  1 root root  7275119 May 16 15:03 extended_1_paired.fq
-rw-r--r--.  1 root root    25658 May 16 15:03 extended_1_unpaired.fq
-rw-r--r--.  1 root root  7275119 May 16 15:03 extended_2_paired.fq
-rw-r--r--.  1 root root    19152 May 16 15:03 extended_2_unpaired.fq
-rw-r--r--.  1 root root   262163 May 16 15:04 extended_K115.assembly_graph.fastg
-rw-r--r--.  1 root root     4391 May 16 15:04 extended_K115.assembly_graph.fastg.extend-embplant_pt-embplant_mt.csv
-rw-r--r--.  1 root root   261551 May 16 15:04 extended_K115.assembly_graph.fastg.extend-embplant_pt-embplant_mt.fastg
drwxr-xr-x. 10 root root     4096 May 16 15:04 extended_spades
-rw-r--r--.  1 root root     6948 May 16 15:04 get_org.log.txt
drwxr-xr-x.  2 root root     4096 May 16 15:03 seed
```

图10-6　GetOrganelle组装结果文件列表

4.使用Bandage软件打开embplant_pt.K115.complete.graph1.selected_graph.gfa,获取本实验组装获得的拟南芥叶绿体基因组的详细信息(图10-7)。结果显示,组装获得的拟南芥叶绿体组包含1个大单拷贝区、1个小单拷贝区和2个反向重复区,总长度154478bp,组装结果较为理想。

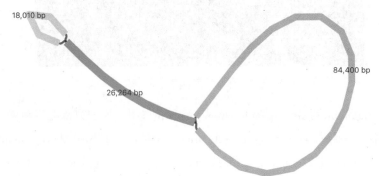

图10-7　Bandage软件可视化叶绿体基因组信息

五、思考与习题

1.利用实验10.1的华山姜二代数据,利用GetOrganelle进行叶绿体基因组的组装。

2.从NCBI公共数据库下载自己感兴趣的高通量测序数据,利用GetOrganelle进行叶绿体基因组的组装。

实验三　叶绿体基因组的注释及可视化

一、实验目的

利用CPGAVAS2对完成组装的序列进行注释,熟练掌握操作方法。

二、实验原理

CPGAVAS2提供了两个叶绿体基因组注释的参考数据集,第一个数据集由43个叶绿体基因组组成,它们经RNA-seq数据验证或修正注释,第二个数据集有2544个叶绿体基因组。两个新的算法用于注释小外显子和反式剪接基因,以保证注释的正确性。

三、实验材料

1.NCBI的BLAST页面,网址:https://blast.ncbi.nlm.nih.gov/Blast.cgi。

2.CPGAVAS2在线工具注释页面,网址:http://47.96.249.172:16019/analyzer/annotate。

3.Circularized_assembly_1_HUASJ.fasta文件。

四、操作步骤

1.在浏览器中输入https://blast.ncbi.nlm.nih.gov/Blast.cgi,打开BLAST页面(图10-8)。

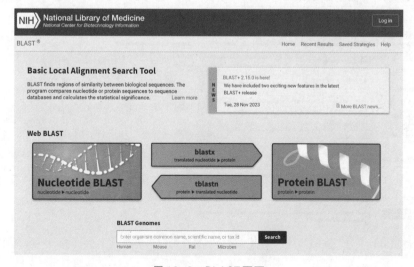

图10-8　BLAST页面

2.单击 Nucleotide BLAST,进入 blastn 页面(图 10-9)。

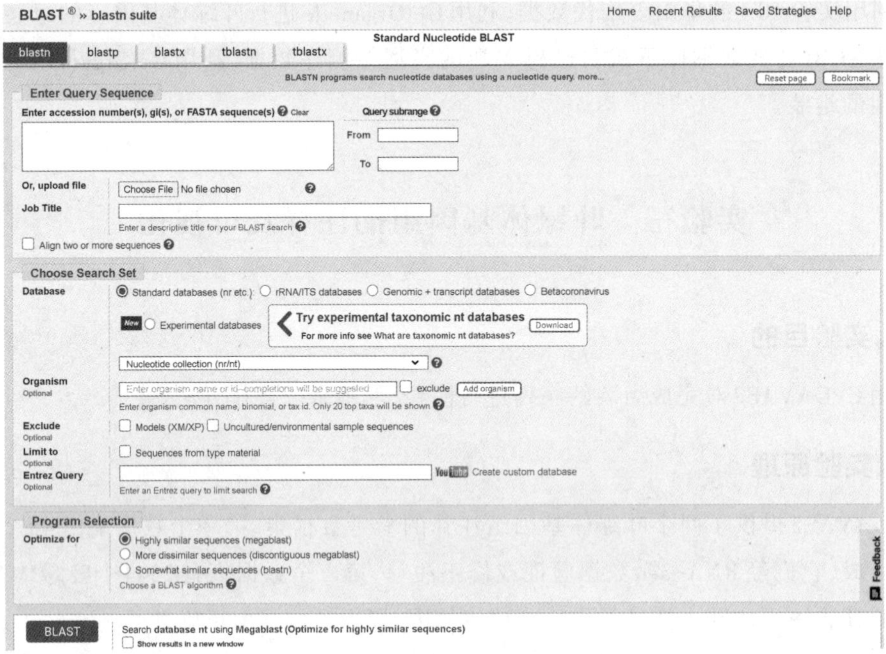

图 10-9　blastn 页面

3.将 Circularized_assembly_1_HUASJ.fasta 中的序列粘贴至输入框(图 10-10)。

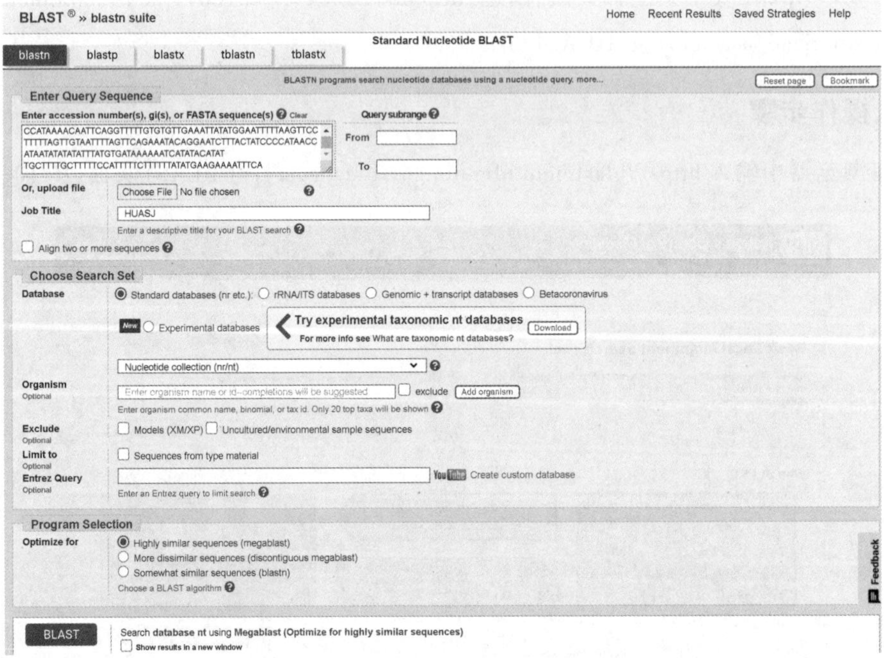

图 10-10　输入叶绿体基因组序列

4.单击BLAST按钮,得到如图10-11的结果。

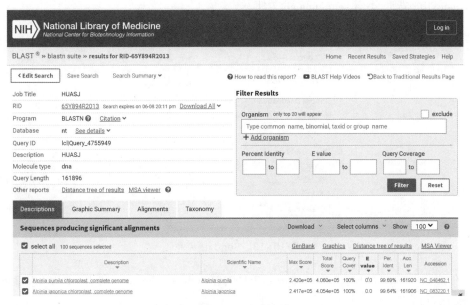

图10-11 比对结果

5.单击第一条序列的Accession栏的NC_048462.1,显示该叶绿体基因组的详细信息(10-12)。

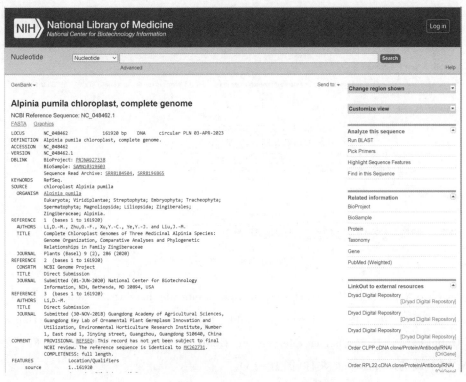

图10-12 花叶山姜(*Alpinia pumila*)叶绿体基因组信息

6.单击输入框下方右侧的 Send to,弹出一个菜单(图 10-13),单击 File,显示下载信息;单击 Create file 按钮,下载 sequence.gb 文件。

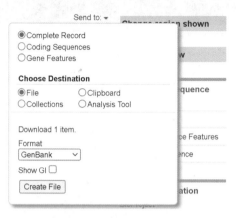

图 10-13　Send to 菜单

7.在浏览器中输入 http://47.96.249.172:16019/analyzer/annotate,打开 CPGAVAS2 的注释主页(图 10-14)。

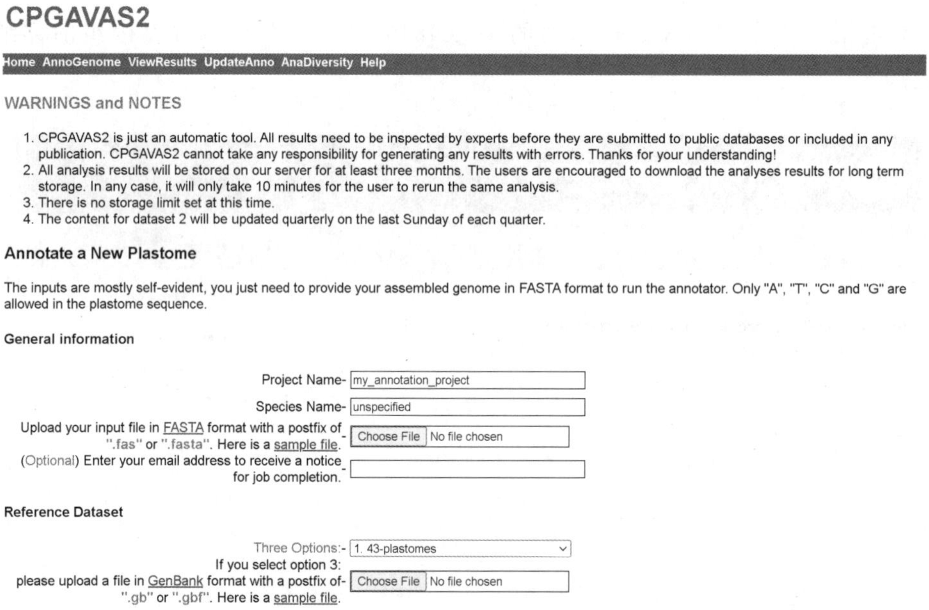

图 10-14　注释页面

8.Species Name 填上 HUASJ;在 Upload your input file in FASTA format with a postfix of ".fas" or ".fasta"处上传 Circularized_assembly_1_HUASJ.fasta 文件;Reference Dataset 栏的 Three Options 处,选择 3. Custom reference in GenBank format,并单击 Choose File 按钮,选中从 NCBI 下载的 sequence.gb 文件(图 10-15)。

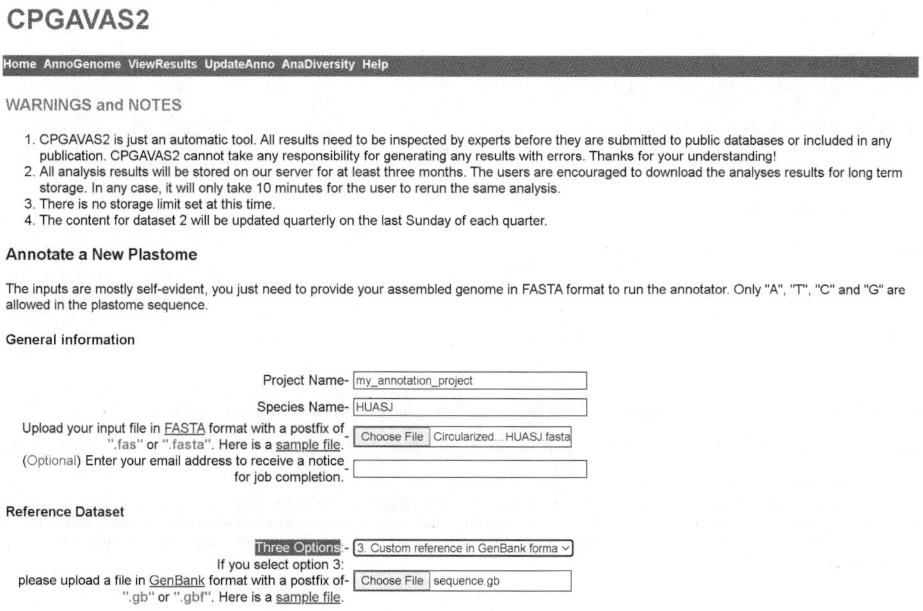

CPGAVAS2

Home AnnoGenome ViewResults UpdateAnno AnaDiversity Help

WARNINGS and NOTES

1. CPGAVAS2 is just an automatic tool. All results need to be inspected by experts before they are submitted to public databases or included in any publication. CPGAVAS2 cannot take any responsibility for generating any results with errors. Thanks for your understanding!
2. All analysis results will be stored on our server for at least three months. The users are encouraged to download the analyses results for long term storage. In any case, it will only take 10 minutes for the user to rerun the same analysis.
3. There is no storage limit set at this time.
4. The content for dataset 2 will be updated quarterly on the last Sunday of each quarter.

Annotate a New Plastome

The inputs are mostly self-evident, you just need to provide your assembled genome in FASTA format to run the annotator. Only "A", "T", "C" and "G" are allowed in the plastome sequence.

General information

Project Name- | my_annotation_project

Species Name- | HUASJ

Upload your input file in FASTA format with a postfix of ".fas" or ".fasta". Here is a sample file. | Choose File | Circularized... HUASJ.fasta

(Optional) Enter your email address to receive a notice for job completion.

Reference Dataset

Three Options - | 3. Custom reference in GenBank forma ∨

If you select option 3:
please upload a file in GenBank format with a postfix of- | Choose File | sequence.gb
".gb" or ".gbf". Here is a sample file.

图 10-15　信息填写

9.单击 Submit,提交信息和序列,程序进入注释环节(图 10-16)。

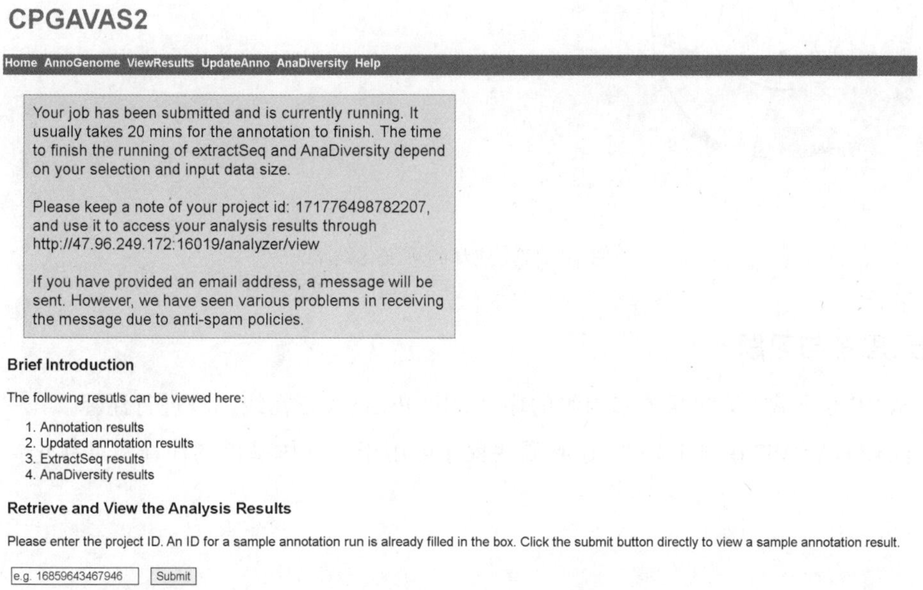

CPGAVAS2

Home AnnoGenome ViewResults UpdateAnno AnaDiversity Help

Your job has been submitted and is currently running. It usually takes 20 mins for the annotation to finish. The time to finish the running of extractSeq and AnaDiversity depend on your selection and input data size.

Please keep a note of your project id: 171776498782207, and use it to access your analysis results through http://47.96.249.172:16019/analyzer/view

If you have provided an email address, a message will be sent. However, we have seen various problems in receiving the message due to anti-spam policies.

Brief Introduction

The following resutls can be viewed here:

1. Annotation results
2. Updated annotation results
3. ExtractSeq results
4. AnaDiversity results

Retrieve and View the Analysis Results

Please enter the project ID. An ID for a sample annotation run is already filled in the box. Click the submit button directly to view a sample annotation result.

e.g. 16859643467946 | Submit

图 10-16　信息和序列提交完成

10.等待几分钟,把 Project ID 复制到输入框,单击 Submit 提交,得到注释结果(图 10-17)。注释后的文件可单击 1.1.2 GenBank file 处的超链接下载,得到 GenBank 格式的文件;单击 1.1.3 Thumbnail of the schematic genome map 处的缩略图,可得到叶绿体基因图谱原图。

JOB id: 171776498782207

Dataset: user-provided reference

Time job started: Fri Jun 7 20:56:28 CST 2024

Time job completed: Fri Jun 7 20:58:42 CST 2024

Input file

You can find your input fasta file here.

Result files

1. Gene Identification

1.1 annotation results

1.1.1 GFF3 file.

For details of GFF3 file, please see here. It is recommended that you use Apollo genome editor to view and edit the annotation.

1.1.2 GenBank file. Please remember to change the taxon and contact information in this file.

1.1.3 Thumbnail of the schematic genome map.

Figure Legend: Schematic representation of the plastome features. The map contains four rings. From the center going outward, the first circle shows the forward and reverse repeats connected with red and green arcs respectively. The next circle shows the tandem repeats marked with short bars. The third circle shows the microsatellite sequences identified using MISA. The fourth circle is drawn using drawgenemap and shows the gene structure on the plastome. The genes were colored based on their functional categories.

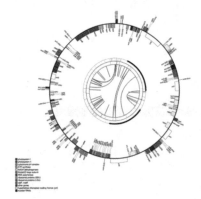

图 10-17 注释和可视化结果

五、思考与习题

1. 从NCBI下载1条叶绿体基因组的序列,用CPGAVAS2在线工具进行注释。

2. 除CPGAVAS2在线工具外,还有哪些程序可用于叶绿体基因的注释和可视化?

项目十一　基因组的组装及注释

　　基因组学是研究生物体遗传信息的学科,其研究范畴涵盖基因组的结构、功能与演化,以及与生物体表现和行为之间的关系。基因组学的重要组成部分之一是基因组测序,即确定生物体 DNA 序列的过程。伴随着高通量测序技术的高速发展和相关分析软件的迭代更新,大量生物基因组的报道为基因组学研究的不断深入提供了坚实基础。通过组装、注释染色体水平的高质量基因组,我们可以更深入地掌握生物体的遗传信息、研究基因功能和调控机制、探索生物进化的机理,并将其应用于生物医学研究。本实验基于公共数据库中的高通量测序数据,利用 Hifiasm、Juicer、3D-DNA、BRAKER 等主流软件,对森林草莓(*Fragaria vesca*)的基因组进行组装和注释。

实验一　利用 Hifiasm 组装 contig 水平的基因组

一、实验目的

　　以公共数据库中森林草莓(*Fragaria vesca*)三代 HiFi 测序数据为材料,在了解 Hifiasm 软件原理的基础上,完成森林草莓 contig 水平基因组的组装和初步组装质量评估。

二、实验原理

　　HiFi(high-fidelity,高保真度)测序数据是由 Pacific Biosciences(PacBio)公司开发的单分子实时测序技术(single molecular real time sequencing,SMRT)所生成的一种数据。它结合了 PacBio 的长读长优势和高准确度的特点,可用于组装高质量基因组。Hifiasm 是一款针对 HiFi 数据开发的基因组从头组装软件,具有适合长读长数据、高效纠错、高准确度和易于使用等特点,并可进行分型基因组组装。Hifiasm 软件组装获得的 contig(重叠群)水平基因组可用于后续的染色体挂载,进一步获得染色体水平的基因组。实验过程中,还涉及数据下载软件 SRA Toolkit、文本处理软件 AWK、组装质量评估软件 QUAST 及组装完整性评估软件 BUSCO。

三、实验材料

1.森林草莓HiFi数据。在NCBI SRA数据库(https://www.ncbi.nlm.nih.gov/sra)检索对应SRA登记号(SRR22495382)即可进入下载页面。建议使用SRA Toolkit(版本3.0.1)下载数据,官方主页为https://github.com/ncbi/sra-tools。

2.hifiasm软件(版本0.19.8),官方主页为https://github.com/chhylp123/hifiasm;推荐使用conda安装:conda install bioconda::hifiasm。

3.AWK软件(GNU版本4.0.2),官方主页为https://www.gnu.org/software/gawk/;推荐使用conda安装:conda install anaconda::gawk。

4.QUAST软件(版本5.2.0),官方主页为https://github.com/ablab/quast;推荐使用conda安装:conda install bioconda::quast。

5.BUSCO软件(版本5.7.1),官方主页为https://busco.ezlab.org/;推荐使用conda安装:conda install bioconda::busco。

四、操作步骤

1.调用Hifiasm软件,在终端输入命令行hifiasm -o fragaria_vesca.contig.asm -t 64 SRR22495382.fastq.gz 2>contig_asm.log,回车后程序开始运行。-o参数指定组装输入文件的前缀,-t参数指定运行线程数,SRR22495382.fastq.gz为用于组装的PacBio文件(fastq格式),2>表示将标准错误输出(包含运行日志)重定向至特定文件(示例中为contig_asm.log)。

2.运行结束后,当前目录生成一系列结果文件(图11-1)。其中,*.r_utg.gfa文件记录了所有的单倍型信息,*.p_utg.gfa文件记录了过滤气泡(杂合位点)后的组装图,*.p_ctg.gfa文件记录了主要单倍型contig的组装图,*hap1*和*hap2*文件则记录了部分分型的组装信息。本实验关注主要单倍型组装结果(primary assembly;示例文件中的fragaria_vesca.contig.asm.bp.p_ctg.gfa)。调用AWK软件,在终端输入命令行awk '/^S/{print ">" $2; print $3}' fragaria_vesca.contig.asm.bp.p_ctg.gfa > fragaria_vesca.contig.asm.bp.p_ctg.fa,即可将组装结果转换为fasta格式。

```
(base) [root@localhost vesca_genome]# ls -l
total 51166660
-rw-r--r--. 1 root root      71852 Apr  4 22:11 contig_asm.log
-rw-r--r--. 1 root root  243101031 Apr  4 22:10 fragaria_vesca.contig.asm.bp.hap1.p_ctg.gfa
-rw-r--r--. 1 root root     293119 Apr  4 22:10 fragaria_vesca.contig.asm.bp.hap1.p_ctg.lowQ.bed
-rw-r--r--. 1 root root    9656588 Apr  4 22:10 fragaria_vesca.contig.asm.bp.hap1.p_ctg.noseq.gfa
-rw-r--r--. 1 root root  224869857 Apr  4 22:10 fragaria_vesca.contig.asm.bp.hap2.p_ctg.gfa
-rw-r--r--. 1 root root     476533 Apr  4 22:10 fragaria_vesca.contig.asm.bp.hap2.p_ctg.lowQ.bed
-rw-r--r--. 1 root root    7901487 Apr  4 22:10 fragaria_vesca.contig.asm.bp.hap2.p_ctg.noseq.gfa
-rw-r--r--. 1 root root  243050423 Apr  4 22:10 fragaria_vesca.contig.asm.bp.p_ctg.gfa
-rw-r--r--. 1 root root     259201 Apr  4 22:10 fragaria_vesca.contig.asm.bp.p_ctg.lowQ.bed
-rw-r--r--. 1 root root    9606222 Apr  4 22:10 fragaria_vesca.contig.asm.bp.p_ctg.noseq.gfa
-rw-r--r--. 1 root root  436897564 Apr  4 22:08 fragaria_vesca.contig.asm.bp.p_utg.gfa
-rw-r--r--. 1 root root    1461654 Apr  4 22:08 fragaria_vesca.contig.asm.bp.p_utg.lowQ.bed
-rw-r--r--. 1 root root   13182043 Apr  4 22:08 fragaria_vesca.contig.asm.bp.p_utg.noseq.gfa
-rw-r--r--. 1 root root  455404782 Apr  4 22:07 fragaria_vesca.contig.asm.bp.r_utg.gfa
-rw-r--r--. 1 root root    1585616 Apr  4 22:08 fragaria_vesca.contig.asm.bp.r_utg.lowQ.bed
-rw-r--r--. 1 root root   13482499 Apr  4 22:07 fragaria_vesca.contig.asm.bp.r_utg.noseq.gfa
-rw-r--r--. 1 root root 6930291628 Apr  4 21:44 fragaria_vesca.contig.asm.ec.bin
-rw-r--r--. 1 root root 2664379298 Apr  4 21:47 fragaria_vesca.contig.asm.ovlp.reverse.bin
-rw-r--r--. 1 root root 20333633558 Apr  4 21:47 fragaria_vesca.contig.asm.ovlp.source.bin
```

图11-1 Hifiasm组装输出文件

3. 调用 QUAST 软件，在终端输入命令行 quast　fragaria_vesca.contig.asm.bp.p_ctg.fa，回车后程序开始运行。统计结果显示，本次组装的 contig 水平基因组总长 233.44Mb，GC 含量为 38.88%；共组装出 221 条 contig，其中 48 条 contig 长度超过 50kb，contig　N50 达到 29.54Mb，组装结果较为理想(图 11-2)。

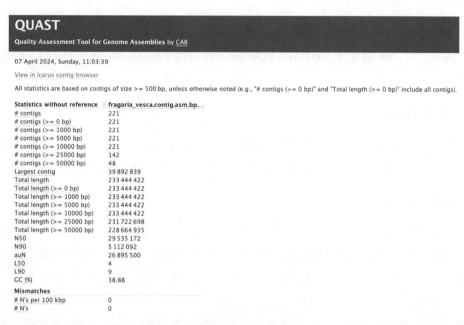

图 11-2　QUAST 统计结果

4. 在完成 BUSCO 软件配置和比对数据库下载后(https://busco-data.ezlab.org/v5/data/lineages/eukaryota_odb10.2024-01-08.tar.gz)，在终端输入命令行 busco　-i　fragaria_vesca.contig.asm.bp.p_ctg.fa　-l　./eudicots_odb10　-m　genome　-c　48，回车后程序开始运行。-i 参数指定需评估的基因组序列，-l 参数指定 BUSCO 基因数据集(示例中为最新版本的真双子叶植物单拷贝同源基因集)，-m 参数指定 BUSCO 运行模式(示例中为基因组模式)，-c 参数指定运行线程数。统计结果显示，本次评估共涉及 2326 个 BUSCO 基因，组装的森林草莓基因组中包含 2298 个完整的 BUSCO 基因(C;占比 98.8%)，其中单拷贝 BUSCO 基因 2194 个(S;占比 94.3%)，多拷贝 BUSCO 基因 104 个(D;占比 4.5%)，缺失 20 个 BUSCO 基因(M;占比 0.9%)，组装完整性较为理想(图 11-3)。

```
|Results from dataset eudicots_odb10                                          |
|                                                                             |
|C:98.8%[S:94.3%,D:4.5%],F:0.3%,M:0.9%,n:2326,E:2.2%                          |
|2298    Complete BUSCOs (C)    (of which 51 contain internal stop codons)    |
|2194    Complete and single-copy BUSCOs (S)                                  |
|104     Complete and duplicated BUSCOs (D)                                   |
|8       Fragmented BUSCOs (F)                                                |
|20      Missing BUSCOs (M)                                                   |
|2326    Total BUSCO groups searched                                          |
```

图 11-3　BUSCO 评估结果

五、思考与习题

1.除了 Hifiasm 软件外,还有哪些主流软件可以基于 HiFi 数据进行基因组组装?

2.Hifiasm 软件可整合 Hi-C 数据组装 contig 水平基因组,尝试整合森林草莓 Hi-C 数据(本项目实验二)进行组装,并与本实验的结果进行比较。

实验二 利用 Juicer 和 3D-DNA 组装染色体水平的基因组

一、实验目的

以 Hifiasm 组装获得的 contig 水平基因组和公共数据库中的 Hi-C 测序数据为材料,在了解 Juicer、3D-DNA 等软件原理的基础上,完成森林草莓染色体水平基因组的组装。

二、实验原理

Hi-C 测序(high-throughput chromosome conformation capture sequencing)即高通量染色体构象捕获测序技术,是染色体构象捕获的一种衍生技术,能够在全基因组范围内获取不同基因座之间的空间交互信息,被越来越多地应用于基因组辅助组装、染色体三维结构研究、基因组拓扑结构和调控元件识别及生物进化研究。Juicer 和 3D-DNA 都是用于处理和分析 Hi-C 测序数据的主流软件,可用于研究染色质的三维结构。Juicer 软件主要用于处理原始的 Hi-C 测序数据,包括读取、映射、过滤、归一化和可视化等,并可构建染色体三维模型,具有分析耗时短、扩展性强等优点。3D-DNA 软件主要用于染色体三维结构的建模和调整,能够自动检测和调整组装结果中的拼接错误,从而提高三维结构模型的准确性。实验过程中,还涉及数据下载软件 SRA Toolkit、数据过滤软件 fastp、序列比对软件 BWA、文本处理软件 AWK、Hi-C 数据可视化分析软件 Juicebox。

三、实验材料

1.实验 11.1 中利用 Hifiasm 组装获得的森林草莓 contig 水平基因组(fragaria_vesca.contig.asm.bp.p_ctg.fa 文件)。

2.森林草莓 Hi-C 测序数据。在 NCBI SRA 数据库(https://www.ncbi.nlm.nih.gov/sra)检索对应 SRA 登记号(SRR22495381)即可进入下载页面。建议使用 SRA Toolkit(版本 3.0.1)下载数据,官方主页为 https://github.com/ncbi/sra-tools。

3.fastp 软件(版本 0.23.4),网址为 https://github.com/OpenGene/fastp;推荐使用 conda 安装:conda install bioconda::fastp。

4.BWA 软件(版本 0.7.17),网址为 https://github.com/lh3/bwa;推荐使用 conda 安装:conda install bioconda::bwa。

5.Juicer 软件(版本 1.6),网址为 https://github.com/aidenlab/juicer。

6.3D-DNA软件(版本201008),网址为https://github.com/aidenlab/3d-dna。

7.Juicebox软件(版本2.15),网址为https://github.com/aidenlab/Juicebox。

四、操作步骤

1.调用fastp软件对从NCBI SRA数据库下载的原始Hi-C测序数据进行低质量数据过滤。在终端输入fastp −i SRR22495381_1.fastq −I SRR22495381_2.fastq −o SRR22495381_R1.fastq.gz −O SRR22495381_R2.fastq.gz −−thread 16,回车后运行命令。−i和−I参数指定输入的双端测序文件,−o和−O参数指定过滤后输出的双端测序文件(示例中输出 R1.fastq.gz 和 R2.fastq.gz,便于Juicer软件进行读取),−−thread参数指定程序运行的线程数。过滤后获得44.34 Gb数据,其中43.34 Gb数据(97.73%)质量值不低于Q20,41.19 Gb数据(92.89%)质量值不低于Q30,可满足后续 Hi-C辅助组装需求(图11-4)。

fastp report

Summary

General

fastp version:	0.23.4 (https://github.com/OpenGene/fastp)
sequencing:	paired end (150 cycles + 150 cycles)
mean length before filtering:	150bp, 150bp
mean length after filtering:	149bp, 149bp
duplication rate:	5.403763%
Insert size peak:	228

Before filtering

total reads:	296.885274 M
total bases:	44.532791 G
Q20 bases:	43.517580 G (97.720307%)
Q30 bases:	41.360879 G (92.877356%)
GC content:	38.460645%

After filtering

total reads:	296.850742 M
total bases:	44.344901 G
Q20 bases:	43.337834 G (97.729013%)
Q30 bases:	41.191860 G (92.889733%)
GC content:	38.404488%

Filtering result

reads passed filters:	296.850742 M (99.988369%)
reads with low quality:	2 (0.000001%)
reads with too many N:	34.530000 K (0.011631%)
reads too short:	0 (0.000000%)

图11-4 fastq过滤获得高质量Hi-C测序数据

2.调用BWA软件的 index命令,建立参考基因组序列索引。在终端输入 bwa index fragaria_vesca.contig.asm.bp.p_ctg.fa,回车后运行命令。基因组索引成功建立后,生成各类结果文件(图11-5),后续分析过程中需保持各文件完整且不被移动。

```
fragaria_vesca.contig.asm.bp.p_ctg.fa
fragaria_vesca.contig.asm.bp.p_ctg.fa.amb
fragaria_vesca.contig.asm.bp.p_ctg.fa.ann
fragaria_vesca.contig.asm.bp.p_ctg.fa.bwt
fragaria_vesca.contig.asm.bp.p_ctg.fa.pac
fragaria_vesca.contig.asm.bp.p_ctg.fa.sa
```

图11-5 利用BWA建立基因组索引

3.调用Juicer软件中的generate_site_positions.py脚本，获取基因组范围的酶切位点位置信息。该脚本语法为generate_site_positions.py <restriction enzyme> <genome> [location]。在终端输入./juicer-1.6/misc/generate_site_positions.py DpnII genome fragaria_vesca.contig.asm.bp.p_ctg.fa，回车后运行命令。分析时可指定generate_site_positions.py的绝对路径、软链接或将其写入环境变量。示例脚本中，DpnII为Hi-C文库构建时使用的限制性内切酶类型，genome字符串为基因组名称（即输出文件的前缀），fragaria_vesca.contig.asm.bp.p_ctg.fa为参考基因组序列的文件名。分析结束后，生成genome_DpnII.txt文件。

4.调用AWK软件，获取基因组各contig的名称及长度信息。在终端输入awk 'BEGIN {OFS="\t"}{print $1, $NF}' genome_DpnII.txt > genome.chrom.sizes，回车后运行命令。分析结束后，生成genome.chrom.sizes文件（图11-6）。

```
(evolution) [root@localhost hic]# head genome.chrom.sizes
ptg000001l      21464194
ptg000002l      303891
ptg000003l      38513741
ptg000004l      29535172
ptg000005l      24355022
ptg000006l      39892839
ptg000007l      29627866
ptg000008l      1058173
ptg000009l      13506588
ptg000010l      5112092
```

图11-6 contig名称及长度信息（部分）

5.准备好上述文件后，调用Juicer主程序juicer.sh进行Hi-C数据的分析。该脚本语法为juicer.sh [-g genomeID] [-d topDir] [-s site] [-a about] [-S stage] [-p chrom.sizes path] [-y restriction site file] [-z reference genome file] [-D Juicer scripts directory] [-b ligation] [-t threads]（图11-7）。其中，-g参数指定基因组名称（示例中为genome），-d参数指定Juicer软件的安装目录，-s参数指定内切酶类型（示例中为DpnII），-a参数指定实验描述说明，-S参数指定重新分析时的起始步骤，-p参数指定contig长度信息文件（示例中为genome.chrom.sizes），-y参数指定酶切位点位置文件（示例中为genome_DpnII.txt），-z参数指定参考基因组文件（示例中为fragaria_vesca.contig.asm.bp.p_ctg.fa），-D参数指定juicer脚本的安装目录，-b参数指定交联信息，-t参数指定运行线程数。实际分析时，必须设置-p、-y、-z参数，且需要将Hi-C数据文件放置于工作目录下的fastq文件夹。在终端输入juicer.sh -g genome -s DpnII -p ./genome.chrom.sizes -y ./genome_DpnII.txt -z ./fragaria_vesca.contig.asm.bp.p_ctg.

fa -t 48 &>juicer.log，回车后运行命令。分析时可指定juicer.sh的绝对路径、软链接或将其写入环境变量。该分析步骤耗时较久，可使用nohup命令进行后台处理。juicer.sh正常运行后，会将运行日志保存于juicer.log（图11-8）。

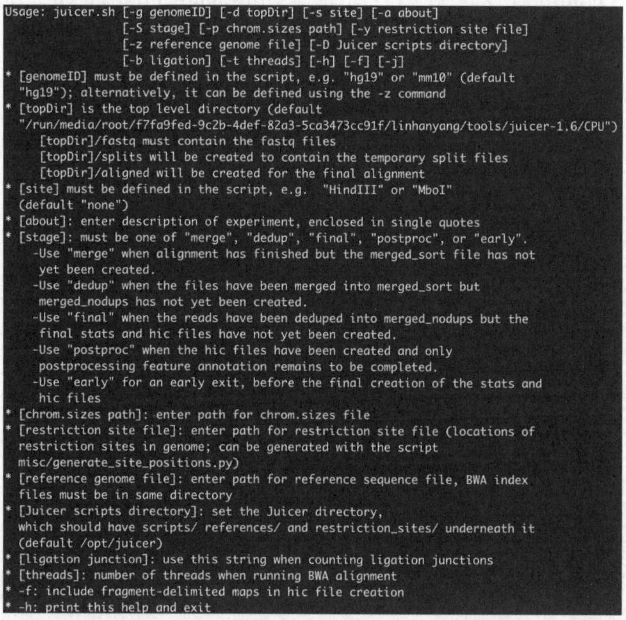

```
Usage: juicer.sh [-g genomeID] [-d topDir] [-s site] [-a about]
                 [-S stage] [-p chrom.sizes path] [-y restriction site file]
                 [-z reference genome file] [-D Juicer scripts directory]
                 [-b ligation] [-t threads] [-h] [-f] [-j]
* [genomeID] must be defined in the script, e.g. "hg19" or "mm10" (default
  "hg19"); alternatively, it can be defined using the -z command
* [topDir] is the top level directory (default
  "/run/media/root/f7fa9fed-9c2b-4def-82a3-5ca3473cc91f/linhanyang/tools/juicer-1.6/CPU")
     [topDir]/fastq must contain the fastq files
     [topDir]/splits will be created to contain the temporary split files
     [topDir]/aligned will be created for the final alignment
* [site] must be defined in the script, e.g.  "HindIII" or "MboI"
  (default "none")
* [about]: enter description of experiment, enclosed in single quotes
* [stage]: must be one of "merge", "dedup", "final", "postproc", or "early".
    -Use "merge" when alignment has finished but the merged_sort file has not
     yet been created.
    -Use "dedup" when the files have been merged into merged_sort but
     merged_nodups has not yet been created.
    -Use "final" when the reads have been deduped into merged_nodups but the
     final stats and hic files have not yet been created.
    -Use "postproc" when the hic files have been created and only
     postprocessing feature annotation remains to be completed.
    -Use "early" for an early exit, before the final creation of the stats and
     hic files
* [chrom.sizes path]: enter path for chrom.sizes file
* [restriction site file]: enter path for restriction site file (locations of
  restriction sites in genome; can be generated with the script
  misc/generate_site_positions.py)
* [reference genome file]: enter path for reference sequence file, BWA index
  files must be in same directory
* [Juicer scripts directory]: set the Juicer directory,
  which should have scripts/ references/ and restriction_sites/ underneath it
  (default /opt/juicer)
* [ligation junction]: use this string when counting ligation junctions
* [threads]: number of threads when running BWA alignment
* -f: include fragment-delimited maps in hic file creation
* -h: print this help and exit
```

图11-7　juicer.sh脚本语法说明文档

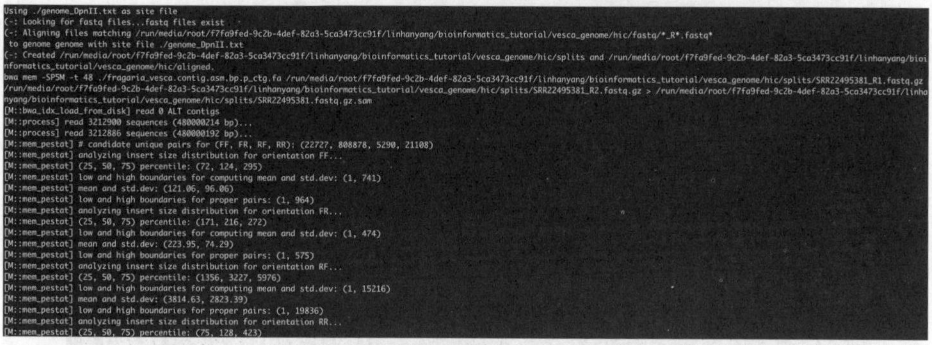

```
Using ./genome_DpnII.txt as site file
(-: Looking for fastq files...fastq files exist
(-: Aligning files matching /run/media/root/f7fa9fed-9c2b-4def-82a3-5ca3473cc91f/linhanyang/bioinformatics_tutorial/vesca_genome/hic/fastq/*_R*.fastq*
 to genome genome with site file ./genome_DpnII.txt
(-: Created /run/media/root/f7fa9fed-9c2b-4def-82a3-5ca3473cc91f/linhanyang/bioinformatics_tutorial/vesca_genome/hic/splits and /run/media/root/f7fa9fed-9c2b-4def-82a3-5ca3473cc91f/linhanyang/bioi
nformatics_tutorial/vesca_genome/hic/aligned.
bwa mem -SP5M -t 48 ./fragaria_vesca.contig.asm.bp.p_ctg.fa /run/media/root/f7fa9fed-9c2b-4def-82a3-5ca3473cc91f/linhanyang/bioinformatics_tutorial/vesca_genome/hic/splits/SRR22495381_R1.fastq.gz
/run/media/root/f7fa9fed-9c2b-4def-82a3-5ca3473cc91f/linhanyang/bioinformatics_tutorial/vesca_genome/hic/splits/SRR22495381_R2.fastq.gz > /run/media/root/f7fa9fed-9c2b-4def-82a3-5ca3473cc91f/linha
nyang/bioinformatics_tutorial/vesca_genome/hic/splits/SRR22495381.fastq.gz.sam
[M::bwa_idx_load_from_disk] read 0 ALT contigs
[M::process] read 3212900 sequences (480000214 bp)...
[M::process] read 3212886 sequences (480000192 bp)...
[M::mem_pestat] # candidate unique pairs for (FF, FR, RF, RR): (22727, 808878, 5290, 21108)
[M::mem_pestat] analyzing insert size distribution for orientation FF...
[M::mem_pestat] (25, 50, 75) percentile: (72, 124, 295)
[M::mem_pestat] low and high boundaries for computing mean and std.dev: (1, 741)
[M::mem_pestat] mean and std.dev: (121.06, 96.06)
[M::mem_pestat] low and high boundaries for proper pairs: (1, 964)
[M::mem_pestat] analyzing insert size distribution for orientation FR...
[M::mem_pestat] (25, 50, 75) percentile: (171, 216, 272)
[M::mem_pestat] low and high boundaries for computing mean and std.dev: (1, 474)
[M::mem_pestat] mean and std.dev: (223.95, 74.29)
[M::mem_pestat] low and high boundaries for proper pairs: (1, 575)
[M::mem_pestat] analyzing insert size distribution for orientation RF...
[M::mem_pestat] (25, 50, 75) percentile: (1356, 3227, 5976)
[M::mem_pestat] low and high boundaries for computing mean and std.dev: (1, 15216)
[M::mem_pestat] mean and std.dev: (3814.63, 2823.39)
[M::mem_pestat] low and high boundaries for proper pairs: (1, 19836)
[M::mem_pestat] analyzing insert size distribution for orientation RR...
[M::mem_pestat] (25, 50, 75) percentile: (75, 128, 423)
```

图11-8　Juicer分析运行日志（部分）

6.Juicer分析完成后，于aligned文件夹下生成的merged_nodups.txt文件包含去除重复的染色体交联信息，可用于后续的3D-DNA分析（图11-9）。调用3D-DNA软件的run-asm-pipeline.sh脚本，进行染色体挂载。该脚本语法为run-asm-pipeline.sh [options] <path_to_input_fasta> <path_to_input_mnd>（图11-10）。其中，<path_to_input_fasta>参数指定初步组装的基因组（示例中为Hifiasm分析获得的fragaria_vesca.contig.asm.bp.p_ctg.fa），<path_to_input_mnd>参数指定去冗余的Hi-C数据分析文件（示例中为Juicer分析获得的merged_nodups.txt）。其余可选参数中，-m参数指定分析的倍性（默认为单倍型数据），-i参数指定contig长度的阈值（默认长度为15000 bp），-r参数指定纠错的轮数（默认为2；示例中

为 0)，-s 参数指定重新分析时的起始步骤。在终端输入 run-asm-pipeline.sh -r 0 ./
fragaria_vesca.contig.asm.bp.p_ctg.fa ./aligned/merged_nodups.txt &> 3ddna.log，回车后运行命
令。分析时可指定 run-asm-pipeline.sh 的绝对路径、软链接或将其写入环境变量。该分析步
骤耗时较久，可使用 nohup 命令进行后台处理。run-asm-pipeline.sh 正常运行后，会将运行
日志保存于 3d.log（图 11-11）。

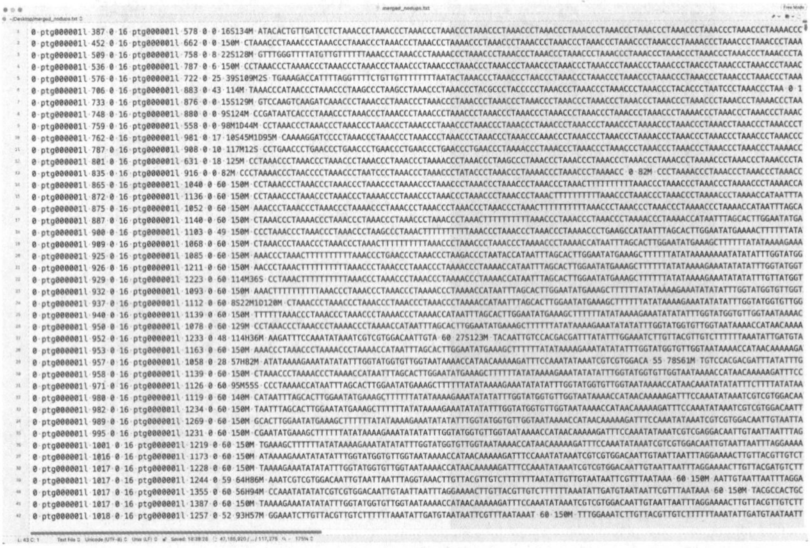

图 11-9　merged_nodups.txt 文件（部分）

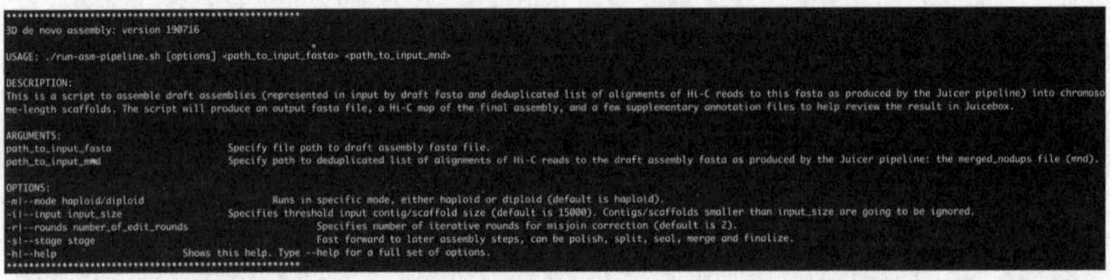

图 11-10　run-asm-pipeline.sh 脚本语法说明文档

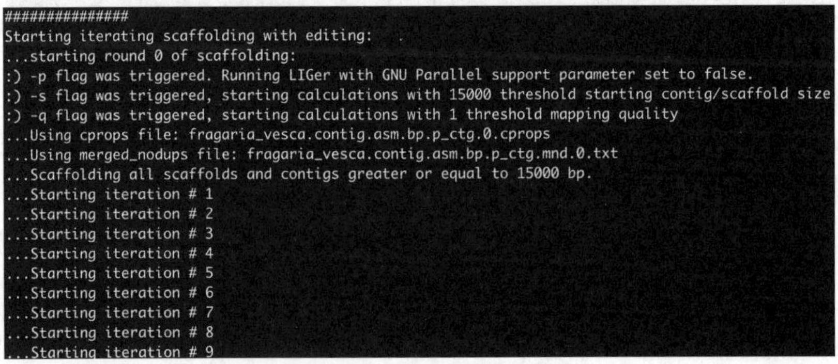

图 11-11　3D-DNA 分析运行日志（部分）

　　7.3D-DNA 挂载完成后，利用 Juicebox 进行染色体位置的调整，具体步骤可参考官方文

档(https://github.com/aidenlab/Juicebox/wiki)。首先,导入 3D-DNA 分析生成的 hic 文件 (File > Open > Local)和 assembly 文件(Assembly > Import Map Assembly)(图 11-12)。已知森林草莓染色体基数为 7($x=7$),初步挂载已将 DNA 序列挂载至染色质互作信号强烈的 7 条染色体。利用 Juicebox 的 Move to debris 和 Remove chr boundaries 功能,将其余 scaffolds 移至末尾并归入一条假染色体(图 11-13)。

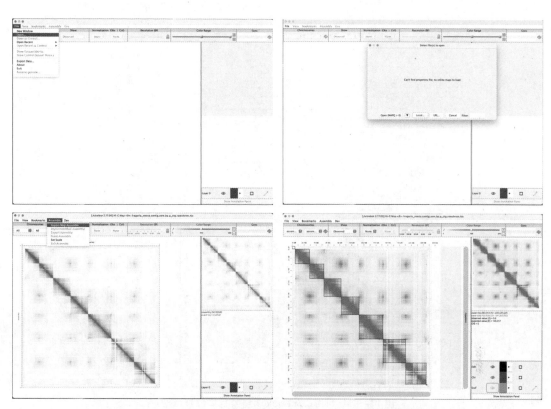

图 11-12　Juicebox 导入 .hic 和 .assembly 文件

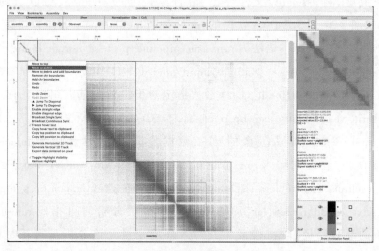

图 11-13　利用 Juicebox 调整染色体位置

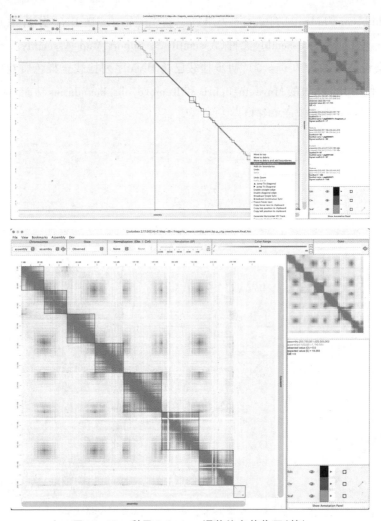

图11-13　利用Juicebox调整染色体位置（续）

8.调整完成后,将assembly文件导出,软件默认增加review后缀以识别调整前后的assembly map文件。调用3D-DNA软件的run-asm-pipeline-post-review.sh脚本,进行调整后的基因组文件输出。该脚本语法为run-asm-pipeline-post-review.sh [options] -r <review.assembly> <path_to_input_fasta> <path_to_input_mnd>(图11-14)。其中,-r参数指定经调整后的assembly文件,<path_to_input_fasta>参数指定初步组装的基因组(示例中为Hifiasm分析获得的 fragaria_vesca.contig.asm.bp.p_ctg.fa,非 3D-DNA 分析输出的基因组文件),<path_to_input_mnd>参数指定去冗余的 Hi-C 数据分析文件(示例中为 Juicer分析获得的merged_nodups.txt)。在终端输入 run-asm-pipeline-post-review.sh -r fragaria_vesca.contig.asm.bp.p_ctg.rawchrom.final.review.assembly ../fragaria_vesca.contig.asm.bp.p_ctg.fa ../aligned/merged_nodups.txt &>3d_review.log,回车后运行命令。分析时可指定run-asm-pipeline-post-review.sh的绝对路径、软链接或将其写入环境变量。该分析步骤耗时较久,可使用nohup命令进行后台处理。

```
**********************************************************
3D de novo assembly: version 180114

USAGE: ./run-asm-pipeline-post-review.sh [options] -r <review.assembly> <path_to_input_fasta> <path_to_input_mnd>

DESCRIPTION:
This is a script to finalize assemblies (represented in input by draft fasta and deduplicated list of alignments of Hi-C reads to this fasta as produced by the Juicer pipeline) into chromosome-length fasta sequences, afte
r review in Juicebox Assembly Tools Module (represented by review.assembly file). The script will produce an output fasta file, a Hi-C map of the final assembly, and a few supplementary annotation files to help review the
 result in Juicebox.

ARGUMENTS:
path_to_input_fasta                     Specify file path to draft assembly fasta file.
path_to_input_mnd                       Specify path to deduplicated list of alignments of Hi-C reads to the draft assembly fasta as produced by the Juicer pipeline: the merged_nodups file (mnd).

OPTIONS:
-r|--review path_to_review_assembly
                        Path to review ".assembly" file.
-i|--input input_size
                        Specifies threshold input contig/scaffold size (default is 15000). Contigs/scaffolds smaller than input_size are going to be ignored. Only matters if running including seal. Should be the same as u
sed for running the original script.
-s|--stage stage
                        Assembly steps to run on top of the reviewed assembly, can be seal and finalize. Default is finalize.
-q|--mapq mapq
                        Mapq threshold for final map(s) visualization, default is 1.
-g|--gap_size gap_size
                        Gap size to be added between scaffolded sequences in the final chromosome-length scaffolds (default is 500).
--sort-output
                        Option to sort the chromosome-length scaffolds by size, in the descending order.
-c|--chromosome-map chromosome_count
                        Option to output the standard Juicebox contact map with data sandboxed to chromosomes, corresponding to the _HiC.assembly after the gaps have been added between scaffolded sequences. Only the first
 chromosome_count sequences in the assembly will be included into the map.
-h|--help                      Shows this help. Type --help for a full set of options.
**********************************************************
```

图 11-14　run-asm-pipeline-post-review.sh 脚本语法说明文档

9.run-asm-pipeline-post-review.sh 脚本运行结束后，会生成最终的染色体水平基因组文件。统计可知，本次实验共将 221.02 Mb 的基因组 DNA 序列挂载至 7 条染色体，总挂载率为 94.68%，Scaffold N50 达到 35.46 Mb，Hi-C 数据挂载效果总体较为理想（图 11-15）。

Output Stat Info

Total_Len:	221016938
Total_Seq_Num :	7
Total_N_Counts:	8500
Total_LowCase_Counts:	0
Total_GC_content:	0.39
Minimum Len:	23886500
Maximum Len:	39173593
Mean Len:	31,573,848.29
Median Len:	35,460,938
N50:	35460938

Name ^	Sequence Length
HiC_scaffold_1	24,330,500
HiC_scaffold_2	23,886,500
HiC_scaffold_3	29,334,500
HiC_scaffold_4	30,304,500
HiC_scaffold_5	39,173,593
HiC_scaffold_6	38,526,407
HiC_scaffold_7	35,460,938

图 11-15　森林草莓染色体水平基因组的长度信息

五、思考与习题

ALLHiC（https://github.com/tangerzhang/ALLHiC/wiki）是另一款用于 Hi-C 辅助基因组组装的主流软件，尝试利用该软件对示例数据进行染色体水平基因组的组装。

实验三　利用 BRAKER 等软件进行蛋白序列的注释

一、实验目的

以已组装的森林草莓染色体水平基因组和公共数据库中的转录组测序数据为材料，在了解 BRAKER 等软件原理的基础上，完成森林草莓蛋白序列的注释。

二、实验原理

BRAKER 是一款用于基因组注释的软件，它结合了基于转录组测序数据的基因结构预测和基于蛋白相似性的基因预测,运行时会调用GeneMark、AUGUSTUS等基因预测软件的相关模块。该注释软件具有较好的准确性和可靠性,特别是在非模式生物的基因组注释中表现出色,且具有较高的灵活性,可适用于不同类型生物的基因组注释。实验过程中,还会涉及数据下载软件SRA Toolkit、数据过滤软件fastp、基因组重复序列识别软件RepeatMasker和转录组数据比对软件STAR。

三、实验材料

1.森林草莓转录组数据(NCBI SRA数据库公开数据)和已组装的染色体水平基因组(见本项目实验二)。为了方便学习和操作,本实验随机下载3份森林草莓转录组数据进行蛋白编码基因的预测。在NCBI SRA数据库(https://www.ncbi.nlm.nih.gov/sra)检索对应SRA登记号即可进入下载页面。本实验涉及的SRA号:SRR26787082、SRR26787084、SRR26787085。建议使用SRA Toolkit(版本3.0.1)下载数据,官方主页为 https://github.com/ncbi/sra-tools。

2.fastp软件(版本0.23.4),官方主页为 https://github.com/OpenGene/fastp;推荐使用conda安装:conda install bioconda::fastp。

3.RepeatMasker软件(版本4.1.2),官方主页为 https://www.repeatmasker.org/;推荐使用conda安装:conda install bioconda::repeatmasker。

4.STAR软件(版本2.7.11),官方主页为 https://github.com/alexdobin/STAR;推荐使用conda安装:conda install bioconda::star。

5.BRAKER软件(版本2.1.5),官方主页为 https://github.com/Gaius-Augustus/BRAKER;推荐使用conda安装:conda install bioconda::braker2。

6.GeneMark软件(版本ES/ET/EP ver 4.72),官方主页为 https://genemark.bme.gatech.edu/GeneMark/。

四、操作步骤

1.调用fastp软件对从NCBI SRA数据库下载的原始转录组数据进行低质量数据过滤。在终端输入fastp -i SRR26787085_1.fastq -I SRR26787085_2.fastq -o SRR26787085_1.clean.gz -O SRR26787085_2.clean.gz --thread 16,回车后运行命令。-i和-I参数指定输入的双端测序文件,-o和-O参数指定过滤后输出的双端测序文件(示例中输出gz格式压缩文件,便于后续分析读取),--thread参数指定程序运行的线程数。依次修改输入文件,完成转录组数据的过滤。实际分析时若样本较多,可将所有样本的SRA号存入文本文件,利用简单的for循环运行程序,并使用nohup命令进行后台处理(图11-16)。

```
for i in `cat ID`
do fastp -i ${i}_1.fastq -I ${i}_2.fastq  -o ${i}_1.clean.gz -O ${i}_2.clean.gz --thread 16
done
```

图11-16 利用for循环调用fastp进行转录组数据过滤

2.调用RepeatMasker软件,对基因组中的重复序列进行识别和屏蔽处理。在终端输入

RepeatMasker -xsmall -species "fragaria vesca" -e ncbi -pa 16 -dir . final_genome.fasta，回车后运行命令（图11-17）。-xsmall参数指定进行软屏蔽处理（即将重复序列以小写字母标记），-species参数指定物种（用于在搜索引擎中检索，示例中为森林草莓拉丁名），-e参数指定搜索引擎（示例中为NCBI），-pa参数指定并行计算的线程数，-dir参数指定输出目录（示例中为当前目录），final_genome.fasta为需要进行重复序列屏蔽的基因组文件（示例中为本项目实验二获得的森林草莓染色体水平基因组）。软件运行结束后生成一系列文件，其中的final_genome.fasta.masked文件为后续BRAKER软件进行注释的输入文件之一（图11-18）。

```
RepeatMasker version 4.1.2-p1
Search Engine: NCBI/RMBLAST [ 2.14.1+ ]

Using Master RepeatMasker Database: /root/anaconda3/envs/busco/envs/braker2/share/RepeatMasker/Libraries/RepeatMaskerLib.h5
  Title    : Dfam
  Version  : 3.3
  Date     : 2020-11-09
  Families : 6,953

Species/Taxa Search:
  Fragaria vesca [NCBI Taxonomy ID: 57918]
  Lineage: root;cellular organisms;Eukaryota;Viridiplantae;
           Streptophyta;Streptophytina;Embryophyta;Tracheophyta;
           Euphyllophyta;Spermatophyta;Magnoliopsida;Mesangiospermae;
           eudicotyledons;Gunneridae;Pentapetalae;rosids;fabids;
           Rosales;Rosaceae;Rosoideae;Potentilleae;Fragariinae
  9 families in ancestor taxa; 0 lineage-specific families

Building general libraries in: /root/anaconda3/envs/busco/envs/braker2/share/RepeatMasker/Libraries/CONS-Dfam_3.3/general
Building species libraries in: /root/anaconda3/envs/busco/envs/braker2/share/RepeatMasker/Libraries/CONS-Dfam_3.3/fragaria_vesca
```

图11-17　RepeatMasker软件运行日志（部分）

```
 11023967 Apr 19 16:25 final_genome.fasta.cat.gz
225437390 Apr 19 16:25 final_genome.fasta.masked
 14484746 Apr 19 16:25 final_genome.fasta.out
     2443 Apr 19 16:25 final_genome.fasta.tbl
```

图11-18　RepeatMasker软件输出文件

3. 调用STAR软件建立参考基因组索引。在终端输入STAR --runThreadN 48 --runMode genomeGenerate --genomeDir ./STAR --genomeFastaFiles final_genome.fasta --genomeSAindexNbases 12，回车后运行命令（图11-19）。--runThreadN参数指定运行线程数，--runMode参数指定比对模式（示例中为构建基因组索引），--genomeDir参数指定基因组索引文件输出目录，--genomeFastaFiles参数指定需要建立索引的基因组文件，--genomeSAindexNbases参数指定建立索引时的碱基长度（示例中为12，实际分析时可根据软件分析日志中的建议修改此参数）。

```
        STAR version: 2.7.11a   compiled: 2023-09-15T02:58:53+0000 :/opt/conda/conda-bld/star_1694746407721/work/source
Apr 20 14:49:40 ..... started STAR run
Apr 20 14:49:40 ... starting to generate Genome files
Apr 20 14:49:44 ... starting to sort Suffix Array. This may take a long time...
Apr 20 14:49:45 ... sorting Suffix Array chunks and saving them to disk...
Apr 20 14:50:06 ... loading chunks from disk, packing SA...
Apr 20 14:50:11 ... finished generating suffix array
Apr 20 14:50:11 ... generating Suffix Array index
Apr 20 14:50:30 ... completed Suffix Array index
Apr 20 14:50:30 ... writing Genome to disk ...
Apr 20 14:50:30 ... writing Suffix Array to disk ...
Apr 20 14:50:31 ... writing SAindex to disk
Apr 20 14:50:31 ..... finished successfully
```

图11-19　STAR软件基因组索引建立日志

4.完成基因组索引后，再次调用STAR软件将过滤后的转录组数据比对至参考基因组。在终端输入STAR --genomeDir ./STAR --runThreadN 8 --readFilesIn SRR26787085_1.clean.gz SRR26787085_2.clean.gz --readFilesCommand zcat --outFileNamePrefix SRR26787085 --outSAMtype BAM SortedByCoordinate --outBAMsortingThreadN 8 --outSAMstrandField intronMotif --outFilterIntronMotifs RemoveNoncanonical，回车后运行命令(图11-20)。除了步骤3中涉及的参数，--readFilesIn参数指定需要比对的转录组数据文件，--readFilesCommand参数指定读取输入文件的方式(示例中为zcat，适用于gz压缩文件)，--outFileNamePrefix参数指定转录组比对输出文件的前缀，--outSAMtype参数指定输出的比对文件格式(示例中为BAM SortedByCoordinate，即输出根据坐标排序的BAM比对文件)，--outBAMsortingThreadN参数指定BAM文件排序时使用的线程数。比对完成后生成的Aligned.sortedByCoord.out.bam文件为下一步BRAKER软件用于注释的输入文件之一(图11-21)。依次修改输入文件和输出文件前缀，完成所有转录组数据的比对。

```
        /root/anaconda3/envs/busco/envs/braker2/bin/STAR-avx2 --genomeDir ./STAR --runThreadN 8 --readFilesIn SRR26787085_1.clean.gz SRR26787085_2
.clean.gz --readFilesCommand zcat --outFileNamePrefix SRR26787085 --outSAMtype BAM SortedByCoordinate --outBAMsortingThreadN 8 --outSAMstrandField
 intronMotif --outFilterIntronMotifs RemoveNoncanonical
        STAR version: 2.7.11a   compiled: 2023-09-15T02:58:53+0000 :/opt/conda/conda-bld/star_1694746407721/work/source
Apr 20 15:19:45 ..... started STAR run
Apr 20 15:19:45 ..... loading genome
Apr 20 15:19:47 ..... started mapping
Apr 20 15:26:10 ..... finished mapping
Apr 20 15:26:11 ..... started sorting BAM
Apr 20 15:26:27 ..... finished successfully
```

图11-20 STAR软件转录组比对日志

```
1684448104 Apr 20 15:42 SRR26787082Aligned.sortedByCoord.out.bam
      2017 Apr 20 15:42 SRR26787082Log.final.out
      7035 Apr 20 15:42 SRR26787082Log.out
       954 Apr 20 15:42 SRR26787082Log.progress.out
   7884489 Apr 20 15:41 SRR26787082SJ.out.tab
```

图11-21 STAR软件转录组比对结果文件

5.在开始注释分析前，调用BRAKER程序的checkSoftware功能检查程序依赖环境是否配置完整(图11-22)。确认配置完整后，调用BRAKER主程序进行注释。在终端输入braker.pl --cores 48 --species=fragaria_vesca --genome=final_genome.fasta.masked --softmasking --bam=SRR26787082Aligned.sortedByCoord.out.bam, SRR26787084Aligned.sortedByCoord.out.bam, SRR26787085Aligned.sortedByCoord.out.bam --gff3，回车后运行命令。--cores参数指定分析使用的线程数，--species参数指定分析物种名，--genome参数指定进行注释的基因组文件，--softmasking参数指定基因组已经过重复序列软屏蔽处理，--bam参数指定转录组数据比对文件，--gff3参数指定输出gff格式注释文件。

BRAKER注释结束后，生成的braker.gtf文件包含了本次实验基于AUGUSTUS或GeneMark预测的所有编码基因信息(图11-23)。该文件共包含九列信息，第一列为染色体编号，第二列为注释来源，第三列为基因结构类型，第四列为开始位点，第五列为结束位点，第六列为统计分数值，第七列为正负链信息，第八列为相位信息，第九列为属性信息。本实验基于随机下载的少量转录组数据共注释得到7748个蛋白编码基因，实际分析时应考虑增加不同组织和器官的转录本数据和同源蛋白序列，以获得更全面的蛋白编码基因信息。

```
(braker2) [root@localhost annotation]# braker.pl --checkSoftware
#**********************************************************************************
#                               BRAKER CONFIGURATION
#**********************************************************************************
# BRAKER CALL: /root/anaconda3/envs/busco/envs/braker2/bin/braker.pl --checkSoftware
# Fri Apr 19 15:57:41 2024: braker.pl version 2.1.5
# Fri Apr 19 15:57:41 2024: Configuring of BRAKER for using external tools...
# Fri Apr 19 15:57:41 2024: Found environment variable $AUGUSTUS_CONFIG_PATH. Setting $AUGUSTUS_CONFIG_PATH to /root/anaconda3/envs/busco/envs/braker2/config/
# Fri Apr 19 15:57:41 2024: Found environment variable $AUGUSTUS_BIN_PATH. Setting $AUGUSTUS_BIN_PATH to /root/anaconda3/envs/busco/envs/braker2/bin/
# Fri Apr 19 15:57:41 2024: Found environment variable $AUGUSTUS_SCRIPTS_PATH. Setting $AUGUSTUS_SCRIPTS_PATH to /root/anaconda3/envs/busco/envs/braker2/bin/
# Fri Apr 19 15:57:41 2024: Found environment variable $GENEMARK_PATH. Setting $GENEMARK_PATH to /run/media/root/f7fa9fed-9c2b-4def-82a3-5ca3473cc91f/linhanyang/bioinformatics_
tutorial/vesca_genome/annotation/gmes_linux_64_4
# Fri Apr 19 15:57:41 2024: Did not find environment variable $DIAMOND_PATH
# Fri Apr 19 15:57:41 2024: Trying to guess $DIAMOND_PATH from location of diamond executable that is available in your $PATH
# Fri Apr 19 15:57:41 2024: Setting $DIAMOND_PATH to /root/anaconda3/envs/busco/envs/braker2/bin
# Fri Apr 19 15:57:41 2024: Did not find environment variable $PYTHON3_PATH
# Fri Apr 19 15:57:41 2024: Trying to guess $PYTHON3_PATH from location of python3 executable that is available in your $PATH
# Fri Apr 19 15:57:41 2024: Setting $PYTHON3_PATH to /root/anaconda3/envs/busco/envs/braker2/bin
# Fri Apr 19 15:57:41 2024: Did not find environment variable $CDBTOOLS_PATH
# Fri Apr 19 15:57:41 2024: Trying to guess $CDBTOOLS_PATH from location of cdbfasta executable that is available in your $PATH
# Fri Apr 19 15:57:41 2024: Setting $CDBTOOLS_PATH to /root/anaconda3/envs/busco/envs/braker2/bin
# Fri Apr 19 15:57:41 2024: Exiting braker.pl because it had been started with --softwareCheck option. No training or prediction or file format check will be performed.
```

图11-22　BRAKER环境配置检查

```
HiC_scaffold_5  GeneMark.hmm3  CDS     1372256 1372278 .   +   1   gene_id "26702_g"; transcript_id "26702_t"; cds_type "Internal"; count "3_19";
HiC_scaffold_5  GeneMark.hmm3  exon    1372256 1372278 0   +   .   gene_id "26702_g"; transcript_id "26702_t"; cds_type "Internal"; count "3_19";
HiC_scaffold_5  GeneMark.hmm3  CDS     1372609 1372715 .   +   2   gene_id "26702_g"; transcript_id "26702_t"; cds_type ":
HiC_scaffold_5  GeneMark.hmm3  start_codon     4631359 4631361 .   +   0   gene_id "27538_g"; transcript_id "27538_t";
HiC_scaffold_5  GeneMark.hmm3  CDS     4631359 4631568 .   +   0   gene_id "27538_g"; transcript_id "27538_t"; cds_type "Initial"; count "1_2";
HiC_scaffold_5  GeneMark.hmm3  exon    4631359 4631568 0   +   .   gene_id "27538_g"; transcript_id "27538_t"; cds_type "Initial"; count "1_2";
HiC_scaffold_5  GeneMark.hmm3  CDS     4631667 4632959 .   +   0   gene_id "27538_g"; transcript_id "27538_t"; cds_type "Terminal"; count "2_2";
HiC_scaffold_5  GeneMark.hmm3  exon    4631667 4632959 0   +   .   gene_id "27538_g"; transcript_id "27538_t"; cds_type "Terminal"; count "2_2";
HiC_scaffold_5  GeneMark.hmm3  stop_codon      4632957 4632959 .   +   0   gene_id "27538_g"; transcript_id "27538_t";
HiC_scaffold_5  GeneMark.hmm3  start_codon     1371794 1371796 .   +   0   gene_id "26702_g"; transcript_id "26702_t";
HiC_scaffold_5  GeneMark.hmm3  CDS     1371794 1371910 .   +   0   gene_id "26702_g"; transcript_id "26702_t"; cds_type "Initial"; count "1_19";
HiC_scaffold_5  GeneMark.hmm3  exon    1371794 1371910 0   +   .   gene_id "26702_g"; transcript_id "26702_t"; cds_type "Initial"; count "1_19";
HiC_scaffold_5  GeneMark.hmm3  CDS     1372100 1372137 .   +   0   gene_id "26702_g"; transcript_id "26702_t"; cds_type "Internal"; count "2_19";
HiC_scaffold_5  GeneMark.hmm3  exon    1372100 1372137 0   +   .   gene_id "26702_g"; transcript_id "26702_t"; cds_type "Internal"; count "2_19";
HiC_scaffold_5  GeneMark.hmm3  CDS     1372256 1372278 .   +   1   gene_id "26702_g"; transcript_id "26702_t"; cds_type "Internal"; count "3_19";
HiC_scaffold_5  GeneMark.hmm3  exon    1372256 1372278 0   +   .   gene_id "26702_g"; transcript_id "26702_t"; cds_type "Internal"; count "3_19";
HiC_scaffold_5  GeneMark.hmm3  CDS     1372609 1372715 .   +   2   gene_id "26702_g"; transcript_id "26702_t"; cds_type "Internal:
HiC_scaffold_5  GeneMark.hmm3  start_codon     4631359 4631361 .   +   0   gene_id "27538_g"; transcript_id "27538_t";
HiC_scaffold_5  GeneMark.hmm3  CDS     4631359 4631568 .   +   0   gene_id "27538_g"; transcript_id "27538_t"; cds_type "Initial"; count "1_2";
HiC_scaffold_5  GeneMark.hmm3  exon    4631359 4631568 0   +   .   gene_id "27538_g"; transcript_id "27538_t"; cds_type "Initial"; count "1_2";
HiC_scaffold_5  GeneMark.hmm3  CDS     4631667 4632959 .   +   0   gene_id "27538_g"; transcript_id "27538_t"; cds_type "Terminal"; count "2_2";
HiC_scaffold_5  GeneMark.hmm3  exon    4631667 4632959 0   +   .   gene_id "27538_g"; transcript_id "27538_t"; cds_type "Terminal"; count "2_2";
HiC_scaffold_5  GeneMark.hmm3  start_codon     4631359 4631361 .   +   0   gene_id "27538_g"; transcript_id "27538_t";
HiC_scaffold_5  GeneMark.hmm3  CDS     4631359 4631568 .   +   0   gene_id "27538_g"; transcript_id "27538_t"; cds_type "Initial"; count "1_2";
HiC_scaffold_5  GeneMark.hmm3  exon    4631359 4631568 0   +   .   gene_id "27538_g"; transcript_id "27538_t"; cds_type "Initial"; count "1_2";
```

图11-23　BRAKER注释结果gtf文件

五、思考与习题

1. 下载公共数据库中森林草莓不同组织器官的转录组数据，完成蛋白质注释，并与本实验的结果进行比较。

2. 尝试同时利用近缘物种同源蛋白数据进行注释，并与本实验的结果进行比较。

3. 除BRAKER外，还有其他哪些主流的蛋白质注释方法？

项目十二　比较基因组分析

比较基因组学是基于基因组谱图,对已知的基因特征和基因组结构进行比较,以了解基因的功能、表达机制和不同物种亲缘关系的学科。比较基因组学涉及对全基因组DNA序列的分析,探索基因与生物体性状之间的关系,追踪基因组在进化过程中的变化规律等方面内容。比较基因组学研究可以帮助揭示物种之间的共线性和差异性,确定物种之间的亲缘关系及发现和理解基因组中的功能元件,在生物学研究中具有重要地位,并能进一步为生物医学、农业和生态保护等领域提供重要的理论支持和实践指导。本实验利用OrthoFinder、MAFFT、trimAl、IQ-TREE、ASTRAL、r8s、CAFE、WGDI等主流软件,对常见园林植物香樟(*Cinnamomum camphora*)、其近缘植物牛樟(*Cinnamomum kanehirae*)、模式植物拟南芥(*Arabidopsis thaliana*)、葡萄(*Vitis vinifera*)及猕猴桃(*Actinidia chinensis*)进行比较基因组分析。

实验一　利用OrthoFinder鉴定直系同源基因

一、实验目的

以香樟、牛樟、拟南芥、葡萄和猕猴桃的公开基因组数据为材料,在了解OrthoFinder软件原理的基础上,掌握利用该软件搜索不同物种间直系同源基因的方法,并完成直系同源基因的鉴定。

二、实验原理

OrthoFinder是一款直系同源基因分析软件,它将不同物种的蛋白序列进行序列比对,调用马尔科夫聚类算法(MCL)实现同源分类,推断出包括直系同源基因和旁系同源基因在内的同源基因群,并识别基因复制事件。这些信息有助于我们理解物种之间的进化关系和基因的进化历史。在使用OrthoFinder之前,需要为每一个分析物种准备fasta格式的蛋白质序列文件。安装完成后,通过命令行界面运行OrthoFinder,并指定输入文件、序列搜索方法等参数。运行完成后,OrthoFinder会生成一系列输出文件,包括同源基因群的列表以及统计信息等。后续,可以基于这些结果进行更为深入的分析。

三、实验材料

1.香樟编码蛋白序列,下载地址为 https://figshare.com/ndownloader/files/40380932。

2.牛樟编码蛋白序列,下载地址为 https://www.ncbi.nlm.nih.gov/datasets/genome/GCA_003546025.1/。

3.拟南芥编码蛋白序列,下载地址为 https://ftp.ensemblgenomes.ebi.ac.uk/pub/plants/release-58/fasta/arabidopsis_thaliana/pep/Arabidopsis_thaliana.TAIR10.pep.all.fa.gz。

4.葡萄编码蛋白序列,下载地址为 https://ftp.ensemblgenomes.ebi.ac.uk/pub/plants/release-58/fasta/vitis_vinifera/pep/Vitis_vinifera.PN40024.v4.pep.all.fa.gz。

5.猕猴桃编码蛋白序列,下载地址为 https://ftp.ensemblgenomes.ebi.ac.uk/pub/plants/release-58/fasta/actinidia_chinensis/pep/Actinidia_chinensis.Red5_PS1_1.69.0.pep.all.fa.gz。

6.OrthoFinder软件(版本2.5.4),官方主页为 https://github.com/davidemms/OrthoFinder;推荐使用conda安装:conda install bioconda::orthofinder。

四、操作步骤

1.将解压后的蛋白序列文件放在同一个目录,如教材示例中的 ./orthofinder。根据拉丁名缩写,将香樟编码蛋白序列文件重命名为Ccam.pep,将牛樟编码蛋白序列文件重命名为Ckan.pep,将拟南芥编码蛋白序列文件重命名为Atha.pep,将葡萄编码蛋白序列文件重命名为Vvin.pep,将猕猴桃编码蛋白序列文件重命名为Achi.pep,以便后续对实验结果进行整理和解读。同时,可将蛋白序列的基因ID名统一为物种名,以便后续实验使用。

2.在完成OrthoFinder安装后,在终端输入指令 orthofinder -f ./orthofinder -S diamond -M msa -oa -t 64,回车后开始运行(图12-1)。-f参数表示读取该文件夹下的所有文件进行分析,-S参数指定序列搜索程序(示例命令使用diamond方法),-M参数指定基因树的推断方法(示例命令使用msa方法),-oa参数表示软件在获取同源基因多序列比对文件后停止,-t参数指定软件运行的线程数(示例命令使用64线程进行分析)。使用远程服务器进行实际分析时,可利用nohup指令将命令挂载至后台运行,以免因与服务器断开连接或其他原因造成运行中断。正常运行时,软件界面如图12-2所示。

```
orthofinder -f ./orthofinder -S diamond -M msa -oa -t 64
```

图12-1 OrthoFinder示例命令

图12-2　OrthoFinder正常运行界面

3.运行完成后,结果文件会保存在以系统时间自动命名的文件夹中(图12-3)。该文件夹包含多个子文件夹及运行日志文件等,其中Single_Copy_Orthologue_Sequences文件夹包含了所有直系单拷贝基因蛋白序列的文件,可用于后续的系统发育分析(见本项目实验二);Comparative_Genomics_Statistics文件夹包含同源基因搜索的主要结果,可用于同源基因的数量统计;Orthogroups文件夹包含各同源基因在不同物种中的分布和数量等信息,可用于后续的基因家族扩张收缩分析(见实验12.3)。

Filename ∨	Filesize	Filetype
..		
Log.txt	663	txt-file
Citation.txt	2522	txt-file
WorkingDirectory		Directory
Species_Tree		Directory
Single_Copy_Orthologue_Sequences		Directory
Orthologues		Directory
Orthogroups		Directory
Orthogroup_Sequences		Directory
MultipleSequenceAlignments		Directory
Comparative_Genomics_Statistics		Directory

图12-3　OrthoFinder结果文件夹及子目录

4. 打开 Comparative_Genomics_Statistics 文件夹中的 Statistics_Overall.tsv,可知本次OrthoFinder分析共涉及5个物种的183982条基因序列,共鉴定出24683个同源基因群,其中包含971个单拷贝直系同源基因(图12-4)。除了该文件,每个物种的统计数据可见同一文件夹下的Statistics_PerSpecies.tsv文件,不同物种间共享的同源基因数量统计可见同一文件夹下的Orthogroups_SpeciesOverlaps.tsv文件。

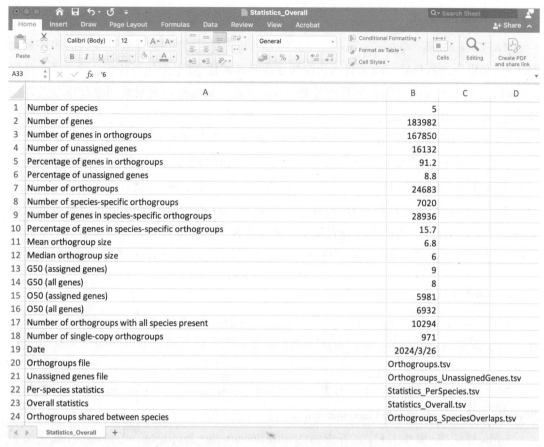

图 12-4　OrthoFinder 主要分析结果统计表

五、思考与习题

1.除了 OrthoFinder 外,还有哪些常用软件可以用于直系同源基因的鉴定?

2.在教材实验材料的基础上,下载茶(*Camellia sinensis*)的公开基因组数据,利用 OrthoFinder 完成直系同源基因鉴定。

实验二　利用 IQ-TREE 和 ASTRAL 软件构建物种树

一、实验目的

以 OrthoFinder 软件分析获取的单拷贝直系同源基因序列为材料,在了解 MAFFT、trimAl、IQ-TREE、ASTRAL 等软件原理的基础上,利用这些软件完成基因序列的比对和修剪,进一步完成基因树和物种树的构建。

二、实验原理

MAFFT(multiple alignment using fast fourier transform)是一款高效且准确的多序列比对工具,采用快速傅里叶变换来提高比对的速度和准确性,可根据序列特征自动选择最佳比对策略,适用于大规模基因数据集的处理。trimAl是一款能够快速精确切除低质量及高变异度序列的修剪软件,用于序列比对后的数据处理。IQ-TREE 是一款基于最大似然法(maximum likelihood,ML)的系统发育推断分析软件,相较同类软件具有计算耗时少、操作灵活、可自动选择最佳替换模型等优点。在完成序列比对和修剪后,可使用IQ-TREE构建单拷贝直系同源基因的基因树。由于不同基因的进化历史不尽相同,物种真实的进化历史可能与单一的基因树存在差异。ASTRAL(accurate species tree algorithm)是一款高准确度的物种树推演软件,可利用该软件和大量基因树对物种的真实进化关系进行推断。本实验在使用IQ-TREE构建所有单拷贝直系同源基因的基因树后,通过ASTRAL软件推断物种树。

三、实验材料

1.本项目实验一中OrthoFinder分析获得的5个物种共享的单拷贝直系同源基因序列文件。为了方便学习和操作,本实验选取前300条单拷贝直系同源基因序列作为样本进行分析。

2.MAFFT软件(版本7.508),官方主页为 https://mafft.cbrc.jp/alignment/software/;推荐使用conda安装:conda install bioconda::mafft。

3.trimAl软件(版本1.4),官方主页为 https://mafft.cbrc.jp/alignment/software/;推荐使用conda安装:conda install bioconda::trimal。

4.IQ-TREE软件(版本2.2.0.3) 官方主页为 http://www.iqtree.org/;推荐使用conda安装:conda install bioconda::iqtree。

5.ASTRAL软件(版本5.7.8),官方主页为 https://github.com/smirarab/ASTRAL;ASTRAL使用java语言编写,运行需要java环境;推荐使用conda安装:conda install bioconda::astral-tree。

6.FigTree软件(版本1.4.4),官方主页为 http://tree.bio.ed.ac.uk/software/figtree。在完成上述分析后,对物种树进行初步可视化。

四、操作步骤

1.本项目实验一中OrthoFinder分析获得的所有单拷贝直系同源基因序列文件保存于Single_Copy_Orthologue_Sequences文件夹,本实验选取前300条序列文件做示例分析。调用MAFFT软件进行比对分析,在终端输入命令 mafft --thread 64 --auto OG0012681.fa > OG0012681.fa.mafft,回车后程序开始运行(图12-5)。--thread参数指定运行使用的线程数(示例使用64线程),--auto参数表示根据序列特征自动选取最优的比对方法,最后利用重定向符>将标准输出写入后缀为.mafft的文件。正常运行结束后,MAFFT程序会记录自动选择的最佳比对方法(图12-6)。本示例中,最佳比对模型为L-INS-i,即适合于小于200条序列的具最佳准确度的迭代局域比对模型。实际分析时,可将该300条基因的文件名保存于文本文件(示例文件名300_ID),通过简单的for循环(图12-7)及nohup指令进行后台分析。

```
mafft --thread 64 --auto OG0012681.fa > OG0012681.fa.mafft
```

图12-5 MAFFT比对示例命令

```
Strategy:
 L-INS-i (Probably most accurate, very slow)
```

图12-6 MAFFT自动选择最佳比对方法

```
for i in `cat 300_ID`
do mafft --thread 64 --auto ${i} > ${i}.mafft
done
```

图12-7 利用for循环批量进行MAFFT比对

2.完成MAFFT序列比对后,调用trimAl软件对低质量比对区域进行修剪。在终端输入命令trimal -in OG0012681.fa.mafft -out OG0012681.fa.mafft.trim -automated1,回车后程序开始运行(图12-8)。-in参数指定输入文件(示例中为上一步使用MAFFT软件得到的比对后序列文件),-out参数指定序列修剪后的输出文件,-automated1参数指定软件自动设置修剪参数。实际分析时,可通过简单的for循环(图12-9)及nohup指令进行后台分析。

```
trimal -in OG0012681.fa.mafft -out OG0012681.fa.mafft.trim -automated1
```

图12-8 trimAl序列修剪示例命令

```
for i in *.mafft
do trimal -in ${i} -out ${i}.trim -automated1
done
```

图12-9 利用for循环批量trimAl修剪

3.完成trimAl序列修剪后,调用IQ-TREE软件构建每一个单拷贝直系同源基因的最大似然系统发育树。在终端输入命令iqtree2 -s OG0012681.fa.mafft.trim -B 1000 -m MFP -T 64,回车后程序开始运行(图12-10)。-s参数指定输入的比对序列文件(示例中使用上一步trimAl修剪获得的比对序列),-B参数指定快速自展抽样的迭代数(示例中使用1000次快速自展迭代),-m参数指定碱基替换模型的选择方法(示例中使用MFP方法,即ModelFinder),-T参数指定运行使用的线程数(示例中使用64线程,实际分析时可使用-T AUTO,即自动选择分析线程数)。IQ-TREE的输出文件包含大量信息(图12-11),每个文件包含的具体内容可参考官网说明文档(http://www.iqtree.org/doc/)。其中,.iqtree文件包含了本次分析的所有结果,包括运行日志、最佳替代模型、最大似然树、经快速自展法汇总的一致性树等信息;.contree文件中记录了newick格式的自展一致性树,可用于后续的物种树分析。

```
iqtree2 -s OG0012681.fa.mafft.trim -B 1000 -m MFP -T 64
```

图12-10 IQ-TREE最大似然系统发育分析示例命令

Filename ✓	Filesize	Filetype
OG0012681.fa.mafft.trim.treefile	128	treefile-file
OG0012681.fa.mafft.trim.splits.nex	328	nex-file
OG0012681.fa.mafft.trim.model.gz	5102	gz-file
OG0012681.fa.mafft.trim.mldist	312	mldist-file
OG0012681.fa.mafft.trim.log	73791	log-file
OG0012681.fa.mafft.trim.iqtree	26440	iqtree-file
OG0012681.fa.mafft.trim.contree	128	contree-file
OG0012681.fa.mafft.trim.ckp.gz	15189	gz-file
OG0012681.fa.mafft.trim.bionj	113	bionj-file

图 12-11　IQ-TREE 分析的输出文件

4.计算推演获得所有单拷贝直系同源基因的基因树(即 .contree 文件)后,利用 ASTRAL 软件进行物种树推断。首先,将所有的基因树汇总至同一文件。在终端输入命令 cat *.contree > all.gene.tre,回车后程序开始运行(图 12-12)。随后,在终端输入命令 astral -i all.gene.tre -o sp.tre 2>astral.log,回车后 ASTRAL 程序开始运行(图 12-13)。-i 参数指定基因树文件(示例中即汇总至同一文件的 300 棵基因树),-o 参数指定输出文件名,2>表示将标准错误输出(包含运行日志)重定向至特定文件(示例中为 astral.log)。

```
cat *.contree > all.gene.tre
```

图 12-12　使用 cat 命令汇总所有基因树至同一文件

```
astral -i all.gene.tre -o sp.tre 2>astral.log
```

图 12-13　使用 ASTRAL 软件推断物种树

5.ASTRAL 分析完成后,查看 log 文件获取运行日志信息(可使用 less 指令),如分析使用的软件版本、基因数量、物种树评分、分析耗时等。示例分析中,共对 5 个物种的物种树进行推断,每个物种都具有 300 个基因的信息,每棵基因树都包含 5 个物种,即不存在缺失数据(图 12-14)。至此,基于 300 个单拷贝直系同源基因的无定根物种树构建完成。

```
======== Running the main analysis
Number of taxa: 5 (5 species)
Taxa: [Achi, Atha, Ccam, Ckan, Vvin]
Taxon occupancy: {Atha=300, Ccam=300, Ckan=300, Achi=300, Vvin=300}
Number of gene trees: 300
0 trees have missing taxa
Calculating quartet distance matrix (for completion of X)
Species tree distances calculated ...
```

图 12-14　ASTRAL 分析部分运行日志

6.使用 FigTree 软件打开 sp.tre 树文件,单击确定,使各进化支的后验支持率保存在 label 条目中(图 12-15)。在左侧菜单栏的 Node Labels 选项中,勾选 Display:label,即可显示每一个分支的后验支持率(图 12-16)。已知拟南芥为最先分化的物种,因此在软件中勾选 Atha 分支,单击上方 Reroot 选项,随后调整字体大小,即可完成物种树的初步可视化(图 12-17)。由物种树可知,在示例分析中,拟南芥(Atha)为最先分化的物种,葡萄(Vvin)和猕猴桃

（Achi）为姐妹类群，香樟（Ccam）和牛樟（Ckan）为姐妹类群，且各分支支持率很高，符合目前的植物系统进化认知。

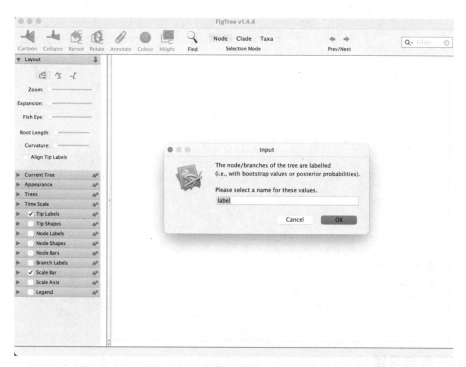

图12-15　使用FigTree软件打开ASTRAL分析获得的物种树

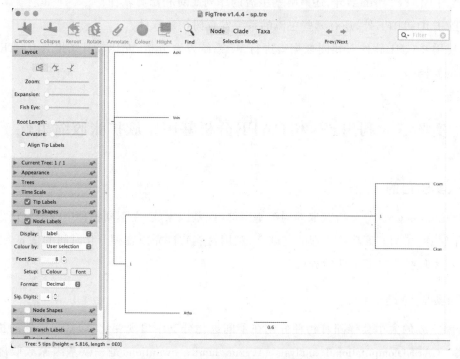

图12-16　进化支的后验支持率标注

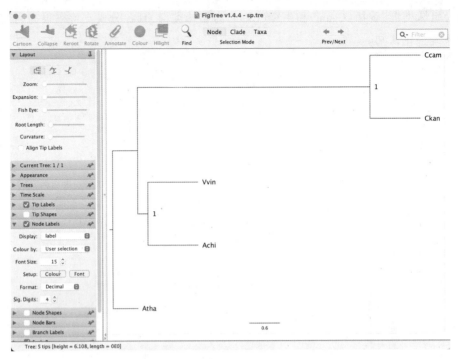

图 12-17　物种树的简单可视化

五、思考与习题

1.除了MAFFT、trimAl外,还有哪些主流的序列比对和修剪软件?

2.除了IQ-TREE外,还有哪些主流的系统发育树构建软件?

3.使用RAxML软件对相同数据集进行ML系统发育分析,并比较其结果与IQ-TREE分析结果的异同。

实验三　利用r8s和CAFE分析基因家族扩张收缩事件

一、实验目的

以OrthoFinder软件分析获取的同源基因群(即基因家族)在不同物种中的数量信息为材料,在了解r8s、CAFE等软件原理的基础上,利用这些软件完成物种分化时间的估算,进一步完成基因家族扩张收缩事件的分析。

二、实验原理

基因家族的大小会伴随着物种分化在不同进化分支中出现变化,即基因家族的扩张收缩现象。CAFE(computational analysis of gene family evolution)是一款基因家族收缩扩张分析软件,该软件通过解释系统发育历史的方式,用出生和死亡过程来模拟系统发育树中的基因获得和丢失,可计算由父节点到子节点的基因家族大小转移率,并推断祖先物种和进化支的基因家族大小,被广泛使用于系统进化和比较基因组研究中。CAFE软件需要研究者提供具物种分化时间信息的系统发育树,而r8s软件可基于罚分似然法和非参数速率平滑法等方法对物种分化时间进行估算。实验过程中,还会涉及序列处理软件SeqKit和进化树处理软件PHYX。

三、实验材料

1.本项目实验一中OrthoFinder分析获得的Orthogroups.GeneCount.tsv文件,可从Orthogroups文件夹获取(见实验12.1)。

2.本项目实验二中经序列比对和修剪的300个直系同源单拷贝基因序列文件(.trim)。

3.SeqKit软件(版本2.4.0),官方主页为https://bioinf.shenwei.me/seqkit/;推荐使用conda安装:conda install bioconda::seqkit。

4.PHYX软件(版本1.3.1),官方主页为https://github.com/FePhyFoFum/phyx;推荐使用conda安装:conda install bioconda::phyx。

5.r8s软件(版本1.81),官方主页为http://ginger.ucdavis.edu/r8s;下载地址为https://sourceforge.net/projects/r8s/。

6.CAFE软件(版本5.1.0),官方主页为https://github.com/hahnlab/CAFE5;推荐使用conda安装:conda install bioconda::cafe。

四、操作步骤

1.首先,调用SeqKit软件的concat指令,将已经过比对和修剪处理的300个直系同源单拷贝基因的序列进行联合,在终端输入命令seqkit concat *.trim > 300_gene_concate.fa,回车后开始运行,运行过程中窗口会输出序列读取过程(图12-18)。

```
(evolution) [root@localhost Single_Copy_Orthologue_Sequences]# seqkit concat *.trim  > 300_gene_concate.fa
[INFO] read file: OG0012681.fa.mafft.trim
[INFO] 5 records loaded from file: OG0012681.fa.mafft.trim
[INFO] read file: OG0012683.fa.mafft.trim
[INFO] 5 records loaded from file: OG0012683.fa.mafft.trim
[INFO] read file: OG0012690.fa.mafft.trim
[INFO] 5 records loaded from file: OG0012690.fa.mafft.trim
[INFO] read file: OG0012693.fa.mafft.trim
[INFO] 5 records loaded from file: OG0012693.fa.mafft.trim
[INFO] read file: OG0012694.fa.mafft.trim
[INFO] 5 records loaded from file: OG0012694.fa.mafft.trim
[INFO] read file: OG0012695.fa.mafft.trim
[INFO] 5 records loaded from file: OG0012695.fa.mafft.trim
[INFO] read file: OG0012696.fa.mafft.trim
[INFO] 5 records loaded from file: OG0012696.fa.mafft.trim
[INFO] read file: OG0012697.fa.mafft.trim
[INFO] 5 records loaded from file: OG0012697.fa.mafft.trim
[INFO] read file: OG0012700.fa.mafft.trim
[INFO] 5 records loaded from file: OG0012700.fa.mafft.trim
[INFO] read file: OG0012702.fa.mafft.trim
[INFO] 5 records loaded from file: OG0012702.fa.mafft.trim
[INFO] read file: OG0012703.fa.mafft.trim
[INFO] 5 records loaded from file: OG0012703.fa.mafft.trim
[INFO] read file: OG0012707.fa.mafft.trim
[INFO] 5 records loaded from file: OG0012707.fa.mafft.trim
```

图12-18　SeqKit运行命令及过程

2.单基因序列经联合后,使用IQ-TREE软件构建其最大似然树。在终端输入命令 iqtree2 -s 300_gene_concate.fa -B 1000 -m MFP -T 64,并利用nohup指令进行后台运行。 IQ-TREE分析的具体参数和输出文件可参考实验12.2对应内容。

3.完成联合序列的最大似然树构建后,调用PHYX软件的pxrr程序对系统树进行定根。 在终端输入命令 pxrr -t 300_gene_concate.fa.contree -g Atha -o 300_gene_concate.fa. contree.rr(图12-19)。-t参数指定需要定根的系统发育树,-g参数指定外类群(示例文件中 为拟南芥Atha),-o参数指定重新定根后的系统发育树文件名。

```
pxrr -t 300_gene_concate.fa.contree -g Atha -o 300_gene_concate.fa.contree.rr
```

图12-19　pxrr程序进行系统树定根

4.利用r8s软件进行分化时间估算。运行r8s需要设置一个配置文件(图12-20),包含两 个模块:树模块(begin trees)和r8s参数模块(begin r8s),两个模块都以end结束。在树模块 中,输入联合序列的最大似然树。在r8s模块中,blformat命令描述进化树的基本信息, lengths参数指定进化树长度的单位(示例中为persite,适合基于最大似然法构建的系统树), nsites参数指定进化分析中用到的碱基位点数(示例中为300个单拷贝基因联合序列的长 度),ultrametric参数指定进化树是否已经过时间校正(示例为no,即未经过校正);MRCA命 令为节点定名,该命令可以命名两个至多个类群的共同祖先(示例中使用MRCA命令命名2 个祖先节点root和Cinnamomum,root为Atha和Achi的共同祖先,Cinnamomum为Ccam和 Ckan的共同祖先);constrain命令限定节点的分化时间,设置特定节点的分化时间下限 (min_age)和上限(max_age),时间单位为百万年前(示例中root节点的分化时间设置为 111.4-123.9,Cinnamomum节点的分化时间设置为17.08-38.34,物种的分化时间取自 TimeTree数据库和最新的系统进化相关研究结果);set命令设置计算分化时间的参数(实例 中指定smoothing=0.01);divtime命令设置估算方法的相关参数(示例中指定method=PL algorithm=TN,即使用罚分似然法和截断牛顿法);showage和describe命令与输出显示相关 (示例中输出各进化支长表示分化时间的进化树)。完成配置文件中的参数设定后,在终端 输入命令PATH_to_r8s -b -f r8s_config > r8s_out(图12-21)。在这里可以输入r8s的绝对 安装路径,也可以将其路径写入环境变量中直接运行。-b指定使用批处理模式,-f参数指定 输入的配置文件(示例中文件名为r8s_config)。

```
#nexus
begin trees;
tree tree_1 = [&R] (Atha:0.2474518835,((Achi:0.2361949283,Vvin:0.1876387917)100:0.0478154104,(Ccam:0.0071872068,Ckan:0.0121726436)100:0.3897283831):0.2474518835);
end;

begin r8s;
blformat lengths=persite nsites=139334 ultrametric=no;
MRCA root Atha Achi;
MRCA Cinnamomum Ccam Ckan;
constrain taxon=root min_age=111.4 max_age=123.9;
constrain taxon=Cinnamomum min_age=17.08 max_age=38.34;
set smoothing=0.01;
divtime method=PL algorithm=TN;
showage;
describe plot=chronogram;
describe plot=chrono_description;
end;
```

图12-20　r8s运行所需的配置文件

```
/run/media/root/f7fa9fed-9c2b-4def-82a3-5ca3473cc91f/linhanyang/tools/r8s1.81/src/r8s -b -f r8s_config > r8s_out
```

图 12-21　r8s 运行命令

5. r8s 运行结束后，可使用 FigTree 软件对其进行查看（见实验 12.2）。系统进化树显示，拟南芥（Atha）与其他物种的分化时间为 123.9 百万年前，葡萄（Vvin）和猕猴桃（Achi）于 70.784 百万年前分化，香樟（Ccam）和牛樟（Ckan）于 17.08 百万年前分化，基本符合目前的植物系统进化认知，因此 r8s 分析结果比较合理（图 12-22）。

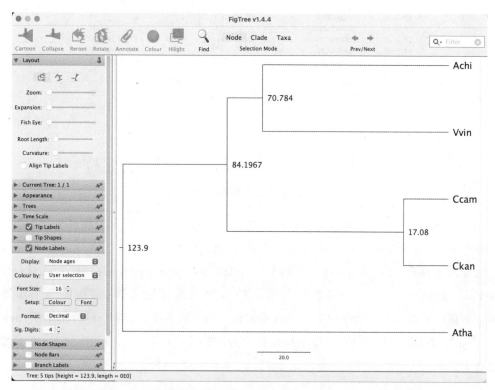

图 12-22　r8s 分析获得的具物种分化时间信息的系统进化树

6. CAFE 软件需要两个输入文件：基因家族计数文件（由 OrthoFinder 分析获得的 Orthogroups.GeneCount.tsv 文件修改获得，以匹配 CAFE 软件的格式需求）和具分化时间的系统发育树。基因家族计数文件在原始 Orthogroups.GeneCount.tsv 的基础上，需要在第一栏添加一列 Desc 信息，所有行可以填充为 null，并删去最后一列 Total。此外，基因拷贝数变异特别大的基因家族会导致参数估计错误，因此要去除数量大于 100 的基因家族（图 12-23）。修改后的基因家族计数文件另存为 CAFE_input.txt。

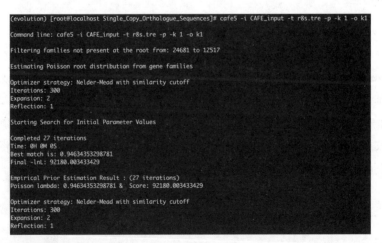

图 12-23　修改后的基因家族计数文件

7.CAFE软件自版本5.0开始支持通过伽马分布来考虑不同基因家族间进化速率的异质性。分析中,可尝试设定不同的伽马分布类型,并根据似然值选择最佳模型。准备好CAFE软件的输入文件后,在终端输入命令cafe5 -i CAFE_input -t r8s.tre -p -k 1 -o k1,回车后开始运行(图12-24)。-i参数指定输入的基因家族计数文件(示例中为上步基于Orthogroups.GeneCount.tsv修改的文件),-t参数指定输入的系统发育树(r8s分析结果,newick格式),-p参数指定泊松分布,-k参数指定伽马分布的类型(示例中,设置1至3),-o参数指定输出文件夹。

```
(evolution) [root@localhost Single_Copy_Orthologue_Sequences]# cafe5 -i CAFE_input -t r8s.tre -p -k 1 -o k1

Command line: cafe5 -i CAFE_input -t r8s.tre -p -k 1 -o k1

Filtering families not present at the root from: 24681 to 12517

Estimating Poisson root distribution from gene families

Optimizer strategy: Nelder-Mead with similarity cutoff
Iterations: 300
Expansion: 2
Reflection: 1

Starting Search for Initial Parameter Values

Completed 27 iterations
Time: 0H 0M 0S
Best match is: 0.94634353298781
Final -lnL: 92180.003433429

Empirical Prior Estimation Result : (27 iterations)
Poisson lambda: 0.94634353298781 &  Score: 92180.003433429

Optimizer strategy: Nelder-Mead with similarity cutoff
Iterations: 300
Expansion: 2
Reflection: 1
```

图 12-24　CAFE正常运行窗口

8.CAFE运行结束后,对应k值的结果文件夹中包含多个文件(图12-25)。其中,*_asr.

tre文件为基因家族系统进化树的集合,*_clade_results.txt文件包含进化树上每个节点的基因家族扩张收缩信息,model_family_results.txt文件说明各基因家族数量变化是否显著,*_results.txt文件包含模型似然值等参数,其他文件包含的信息可参考CAFE官方文档(https://github.com/hahnlab/CAFE5)。

```
(evolution) [root@localhost k1]# ls -l
total 3204
-rw-r--r--. 1 root root 1929157 Mar 27 12:11 Base_asr.tre
-rw-r--r--. 1 root root   59865 Mar 27 12:11 Base_branch_probabilities.tab
-rw-r--r--. 1 root root  463321 Mar 27 12:11 Base_change.tab
-rw-r--r--. 1 root root     153 Mar 27 12:11 Base_clade_results.txt
-rw-r--r--. 1 root root  350979 Mar 27 12:11 Base_count.tab
-rw-r--r--. 1 root root  236012 Mar 27 12:11 Base_family_likelihoods.txt
-rw-r--r--. 1 root root  222587 Mar 27 12:11 Base_family_results.txt
-rw-r--r--. 1 root root     164 Mar 27 12:11 Base_results.txt
```

图12-25　CAFE分析结果文件

9.查看*_results.txt文件(图12-26),并比较不同k值的最终似然值(final likelihood)。经比较,示例分析中,k=1时模型似然值最高。

```
Model Base Final Likelihood (-lnL): 99088.2
Lambda: 0.0032713079236478
Maximum possible lambda for this topology: 0.00807103
64 values were attempted (0% rejected)
```

图12-26　CAFE分析模型参数

10.查看Base_clade_results.txt文件,可知拟南芥(Atha)中共有5474个基因家族发生扩张,1582个基因家族发生收缩;猕猴桃(Achi)中共有4553个基因家族发生扩张,1363个基因家族发生收缩;葡萄(Vvin)中共有2534个基因家族发生扩张,2042个基因家族发生收缩;香樟(Ccam)中共有1028个基因家族发生扩张,563个基因家族发生收缩;牛樟(Ckan)中共有655个基因家族发生扩张,1620个基因家族发生收缩(图12-27)。后续,可以通过绘图软件或相关脚本将各分支或物种发生扩张收缩的基因家族数量标注至系统发育树上。

```
#Taxon_ID       Increase        Decrease
Atha<7> 5474    1582
<5>       173     150
Achi<3> 4553    1363
Ccam<1> 1028    563
Ckan<0>  655    1620
<6>       508     179
Vvin<2> 2534    2042
<4>       787    3269
```

图12-27　5个物种的基因家族扩张收缩数量

五、思考与习题

1.除r8s外,还有哪些软件同样被广泛应用于物种分化时间估算?

2.试用其他软件(如BEAST)和相同数据集进行物种分化时间分析,并比较其结果与r8s分析结果的异同。

实验四 利用WGDI软件分析基因组共线性和基因组复制事件

一、实验目的

以拟南芥公开基因组数据为材料,在了解WGDI软件原理的基础上,掌握利用该软件分析基因组共线性和物种内基因组复制事件的方法,绘制基因组共线性点阵图和Ks密度曲线。

二、实验原理

WGDI(whole genome duplication identification)是一款基于Python的全基因组加倍分析软件,能够帮助研究人员深入理解基因组的复制事件和演化过程,对基因组学和相关领域的研究具有重要的应用价值。WGDI软件功能丰富,可以识别基因组同源区块、绘制共线性点阵图、分析全基因组复制事件和计算Ka、Ks值等。共线性是指同源基因在物种内或者物种之间的分布或排列关系,可用于揭示物种间的分子进化事件。Ks值为每同义位点的碱基替代数,即发生DNA突变而不改变编码氨基酸的频率,用于判断某一物种在长期的进化过程中是否发生了基因组加倍事件。完成WGDI软件安装后,还需准备WGDI软件所需的配置文件、基因组注释文件、基因组长度文件及各种序列文件。实验过程中,还会涉及序列处理软件SeqKit和序列比对软件BLAST。

三、实验材料

1.SeqKit软件(版本2.4.0),官方主页为 https://bioinf.shenwei.me/seqkit/;推荐使用conda安装:conda install bioconda::seqkit。

2.BLAST软件(版本2.15.0),官方主页为 https://blast.ncbi.nlm.nih.gov/blast/Blast.cgi;推荐使用conda安装:conda install bioconda::blast。

3.WGDI软件(版本0.6.5),官方主页为 https://wgdi.readthedocs.io/en/latest/;推荐使用conda安装:conda install bioconda::wgdi。

四、操作步骤

1.WGDI分析需要特定格式的输入文件,可利用官方提供的脚本(https://github.com/SunPengChuan/wgdi-example/tree/main/code)及网络开放获取的脚本(https://github.com/xuzhougeng/myscripts/blob/master/comparative/generate_conf.py)进行处理,示例分析使用后者进行原始文件的处理。下载generate_conf.py,将原始文件置于同一文件夹中(图12-28)。

```
(synteny) [root@localhost wgdi]# ls -l
total 336348
-rw-r--r--. 1 root root 112564471 Mar 27 20:55 Arabidopsis_thaliana.TAIR10.58.gff3
-rw-r--r--. 1 root root  75788853 Mar 27 20:55 Arabidopsis_thaliana.TAIR10.cds.all.fa
-rw-r--r--. 1 root root 121662600 Mar 27 20:55 Arabidopsis_thaliana.TAIR10.dna.toplevel.fa
-rw-r--r--. 1 root root  34393267 Mar 27 20:55 Arabidopsis_thaliana.TAIR10.pep.all.fa
-rw-r--r--. 1 root root      4054 Mar 28 07:54 generate_conf.py
```

图 12-28　WGDI分析所需原始文件

2.在终端输入命令 python generate_conf.py -p Atha Arabidopsis_thaliana.TAIR10.dna.
toplevel.fa Arabidopsis_thaliana.TAIR10.58.gff3,回车后程序开始运行,生成 Atha.gff 和 Atha.len
文件(图 12-29)。随后,需删除 gff 文件中的冗余内容,如基因编码前的"gene:"文本和转录本
编码前的"transcript:"文本,以对应拟南芥 CDS 和蛋白序列文件。在终端输入命令 sed -i -e
's/gene://' -e 's/transcript://' Atha.gff,回车后程序开始运行,获得最终的拟南芥基因组注释文
件(图 12-30)。原始长度文件中包含线粒体和叶绿体信息,示例分析关注核基因组,故可以删
去对应行。注释文件(Atha.gff)和长度文件(Atha.len)示例见图 12-31 和图 12-32。

```
python generate_conf.py -p Atha Arabidopsis_thaliana.TAIR10.dna.toplevel.fa Arabidopsis_thaliana.TAIR10.58.gff3
```

图 12-29　获得注释文件和长度文件所需脚本示例

```
sed -i -e 's/gene://' -e 's/transcript://' Atha.gff
```

图 12-30　进一步处理注释文件所需脚本示例

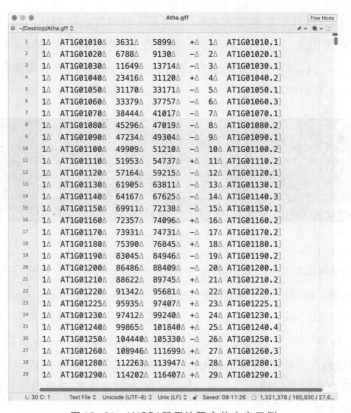

图 12-31　WGDI所需注释文件内容示例

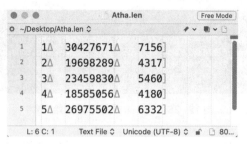

图12-32　WGDI所需长度文件内容示例

3.同时,原始拟南芥CDS和蛋白序列文件中,ID命名部分内容冗余,需保留基因名即可。调用SeqKit软件,在终端输入命令 seqkit grep -f <(cut -f 7 Atha.gff) Arabidopsis_thaliana.TAIR10.cds.all.fa | seqkit seq --id-regexp "^(.*?)\\.\\d" -i > Atha.cds.fa和seqkit grep -f <(cut -f 7 Atha.gff) Arabidopsis_thaliana.TAIR10.pep.all.fa | seqkit seq --id-regexp "^(.*?)\\.\\d" -i > Atha.pep.fa,回车后程序开始运行(图12-33),获得最终的拟南芥CDS文件(Atha.cds.fa)和蛋白序列文件(Atha.pep.fa)。

图12-33　处理CDS和蛋白序列文件所需脚本示例

4.获取基因组共线性信息和物种内Ks曲线需要种内蛋白序列比对结果。首先,构建蛋白序列比对库,调用BLAST软件的makeblastdb命令,在终端输入命令makeblastdb -in Atha.pep.fa -dbtype prot,回车后程序开始运行(图12-34)。-in参数指定需要比对的序列文件,-dbtype参数指定比对的序列类型。

```
(synteny) [root@localhost wgdi]# makeblastdb -in Atha.pep.fa -dbtype prot

Building a new DB, current time: 03/28/2024 10:26:26
New DB name:   /run/media/root/f7fa9fed-9c2b-4def-82a3-5ca3473cc91f/linhanyang/cinnamomum/camphora_genome/wgdi/Atha.pep.fa
New DB title:  Atha.pep.fa
Sequence type: Protein
Keep MBits: T
Maximum file size: 1000000000B
Adding sequences from FASTA; added 27628 sequences in 0.984882 seconds.
```

图12-34　构建拟南芥种内蛋白比对库

5.获得蛋白序列比对库后,调用BLAST软件的blastp命令进行蛋白序列比对,在终端输入命令blastp -num_threads 48 -db Atha.pep.fa -query Atha.pep.fa -outfmt 6 -evalue 1e-5 -num_alignments 20 -out Atha.blastp.txt,回车后程序开始运行(图12-35)。-num_threads参数指定运行线程数,-db参数指定已构建的蛋白序列比对库,-query参数指定需比对的蛋白序列(示例中为拟南芥物种内蛋白比对),-outfmt参数指定输出格式(示例中为6,即表格形式),-evalue参数指定期望阈值,-num_alignments参数指定特定序列比对位置的比对数,-out参数指定输出文件。

```
blastp -num_threads 48 -db Atha.pep.fa -query Atha.pep.fa -outfmt 6 -evalue 1e-5 -num_alignments 20 -out Atha.blastp.txt
```

图 12-35　拟南芥种内蛋白比对示例脚本

6.完成蛋白序列比对后,构建绘制共线性点阵图所需的配置文件。首先,通过 wgdi -d \? > Atha.dot.conf 命令创建模板文件,并根据研究物种文件信息修改参数(图 12-36)。blast 参数指定蛋白序列比对文件,gff 参数指定需要比对的基因组对应的注释文件(示例中为拟南芥自身比对),len 参数指定需要比对的基因组对应的长度文件(示例中为拟南芥自身比对),genome_name 参数指定在点阵图中显示的物种名称,multiple 参数指定最佳同源基因数,score 参数指定 blast 输出文件的 score 过滤值,evalue 参数指定 blast 输出文件的 evalue 过滤值,repeat_number 参数指定特定比对的最多同源基因数,markersize 参数指定点阵中的点大小,figsize 参数指定点阵图的图片尺寸,savefig 参数指定输出文件(可选 .png、.pdf、.svg 三种格式)。

图 12-36　WGDI 共线性点阵图绘制配置文件示例

7.完成点阵图配置文件修改后,在终端输入命令 wgdi -d Atha.dot.conf,即可绘制拟南芥种内全基因组共线性点阵图(图 12-37)。点阵图中,红色表示具最高同源性的基因,其次是蓝色,剩余为灰色。

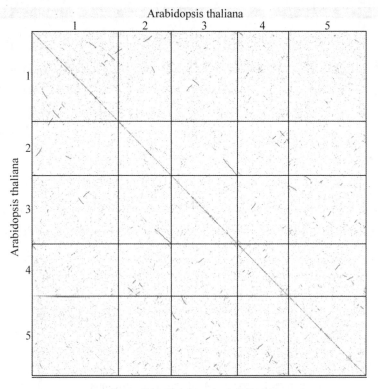

图12-37　拟南芥全基因组共线性点阵图

8.绘制Ks曲线需利用WGDI的-icl模块进行共线性分析。首先,通过wgdi -icl \? > Atha.icl.conf命令创建模板文件,并根据研究物种文件信息修改参数(图12-38)。相较于点阵图的配置文件,cli模块包含几个额外参数,grading参数指定根据同源基因匹配度进行打分的规则,mg参数指定共线性区域中所允许的最大空缺基因数。在终端输入命令wgdi -icl Atha.icl.conf,即可获得记录拟南芥基因组的内部共线性文件。

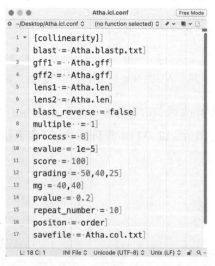

图12-38　WGDI共线性分析配置文件示例

9.随后,利用共线性分析结果和WGDI的-ks模块计算Ks。通过wgdi -ks \? > Atha.ks.conf命令创建模板文件,并根据研究物种文件信息修改参数(图12-39)。cds_file参数指定拟南芥的CDS文件,pep_file参数指定拟南芥的蛋白文件,align_software指定序列比对的软件(示例中使用muscle),pairs_file参数指定共线性分析的输出文件,ks_file参数指定Ks分析的输出文件。在终端输入命令wgdi -ks Atha.ks.conf,即可获得Ks分析结果文件。

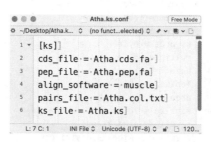

图12-39　WGDI Ks分析配置文件示例

10.随后,利用WGDI的-bi模块将共线性分析结果和Ks分析结果进行整合。通过wgdi -bi \? > Atha.bi.conf命令创建模板文件,并根据研究物种文件信息修改参数(图12-40)。collinearity和Ks参数分别指定前步分析获得的共线性结果和Ks文件,ks_col参数指定分析使用的Ks文件列,savefile参数指定bi整合结果的输出文件(支持csv格式)。在终端输入命令wgdi -bi Atha.bi.conf,即可完成结果整合。

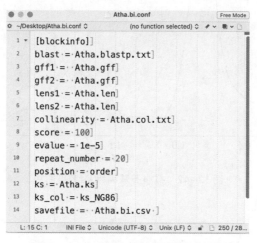

图12-40　WGDI bi模块配置文件示例

11.最后,利用WGDI的-kp模块绘制拟南芥基因组Ks密度曲线。通过wgdi -kp \? > Atha.kp.conf命令创建模板文件,并根据研究物种文件信息修改参数(图12-41)。blockinfo参数指定前步整合的结果文件,pvalue参数指定共线性区块的显著性阈值,tandem参数指定是否过滤由串联基因所形成的共线性区块,block_length参数指定一个共线性区块内最小基因对的数量,ks_area参数指定保留的Ks值区间,multiple和homo参数控制共线性区块内基因对的总体得分。在终端输入命令wgdi -kp Atha.kp.conf,即可完成Ks密度曲线绘制(图12-

42）。由Ks密度图可知，拟南芥基因组存在两个明显的Ks峰，对应其经历的两次古多倍化事件。

图12-41　WGDI Ks密度曲线绘制配置文件示例

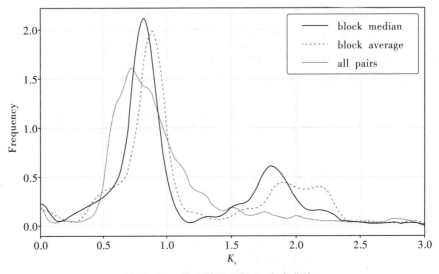

图12-42　拟南芥基因组Ks密度曲线

五、思考与习题

1. 除WGDI外，还有哪些软件可用于基因组共线性分析？

2. 从公开数据库下载茶的公开基因组数据，利用WGDI软件完成茶（*Camellia sinensis*）的基因组共线性和Ks分析。

项目十三 群体遗传学数据分析

群体遗传学是一门研究生物群体的遗传结构及其变化规律的学科,主要关注在自然选择、遗传漂变、突变以及基因流等进化动力的作用下,群体中基因的分布、基因频率和基因型频率的维持和变化。此外,群体遗传学也研究遗传重组、种群划分、种群空间结构及种群动态历史,并试图解释诸如适应性进化和物种形成等生物学现象的成因。群体遗传学在多个领域广泛应用,在生物多样性研究中,群体遗传学手段可用于分析野生动植物种群内的遗传多样性、基因流和亲缘关系,对生物多样性保护和种群管理具有重要意义;在人类遗传学研究方面,群体遗传学技术不仅可用于分析不同人群之间的亲缘关系和演化历史,还可应用于人类基因疾病的遗传学研究,对疾病预防和控制具有重大意义。单核苷酸多态性(SNP),即在基因组水平上由单个核苷酸的变异所引起的DNA序列多样性,具有在全基因组范围内出现频率高、易于获得等标记优势,已被广泛用于前沿群体遗传研究。本实验利用BWA、SAMtools、Picard、BCFtools、VCFtools、PLINK、ADMIXTURE、FASTME等主流软件,对香樟(*Cinnamomum camphora*)进行基于基因组SNP的群体遗传分析。

实验一 基因组重测序SNP数据集的构建

一、实验目的

以香樟的基因组序列和基因组重测序数据为材料,在了解BWA、SAMtools、Picard、BCFtools、VCFtools等软件原理的基础上,掌握全基因组范围SNP检测的方法,并完成高质量SNP数据集的构建和过滤。

二、实验原理

BWA(burrow-wheeler aligner)是一款将DNA序列比对至参考基因组上的软件,采用Burrows-Wheeler变换和后缀数组索引等高效算法,能够快速且准确地比对测序数据。

SAMtools软件可处理比对后生成的sam/bam等文件，主要功能包括格式转换、排序、合并、索引以及快速检索等。Picard是一款数据比对文件的统计工具，主要功能包括格式转换、建立索引、标记重复等。BCFtools是一款用于操作和处理VCF(variant call format)/BCF(binary variant call format)文件的软件，是SAMtools工具集的一部分，可用于比对文件的变异位点(包括SNP和InDel)检测、过滤、注释、统计等。BCFtools可以处理VCF格式、压缩的VCF格式以及BCF格式的文件，并能自动检测输入的格式类型。VCFtools为一款专门处理VCF/BCF文件的软件，主要功能包括格式转换、数据过滤、位点统计、文件比较、集合运算等。实验过程中，还会涉及数据下载软件SRA Toolkit、数据过滤软件fastp和文本处理软件AWK。

三、实验材料

1.香樟全基因组DNA序列(下载地址：https://figshare.com/ndownloader/files/36851739)。

2.香樟基因组重测序数据(NCBI SRA数据库公开数据)。为了方便学习和操作，本实验随机下载10份香樟重测序数据进行SNP数据集的构建。在NCBI SRA数据库(https://www.ncbi.nlm.nih.gov/sra)检索对应SRA登记号即可进入下载页面。本实验涉及的SRA号：SRR25500237、SRR25500239、SRR25500243、SRR25500248、SRR25500252、SRR25500272、SRR25500276、SRR25500278、SRR25500279、SRR25500285。建议使用SRA Toolkit(版本3.0.1)下载数据，官方主页为https://github.com/ncbi/sra-tools。

3.fastp软件(版本0.23.4)，官方主页为https://github.com/OpenGene/fastp；推荐使用conda安装：conda install bioconda::fastp。

4.BWA软件(版本0.7.17)，官方主页为https://github.com/lh3/bwa；推荐使用conda安装：conda install bioconda::bwa。

5.SAMtools软件(版本1.19)，官方主页为https://github.com/samtools/samtools；推荐使用conda安装：conda install bioconda::samtools。

6.AWK软件(GNU版本4.0.2)，官方主页为https://www.gnu.org/software/gawk/；推荐使用conda安装：conda install anaconda::gawk。

7.Picard软件(版本2.27.5)，官方主页为https://broadinstitute.github.io/picard/。

8.BCFtools软件(版本1.19)，官方主页为https://github.com/samtools/bcftools；推荐使用conda安装：conda install bioconda::bcftools。

9.VCFtools(版本0.1.16)，官方主页为https://vcftools.github.io/；推荐使用conda安装：conda install bioconda::vcftools。

四、操作步骤

1.首先，将下载好的香樟基因组文件和重测序数据置于同一文件夹下，示例中为./wgs_analysis(图13-1)。调用fastp软件对从NCBI SRA数据库下载的原始文件进行低质量数据过滤。在终端输入 fastp -i SRR25500237_1.fastq -I SRR25500237_2.fastq -o

SRR25500237_1.clean.gz −O SRR25500237_2.clean.gz −−thread 16,回车后运行命令。−i 和−I 参数指定输入的双端测序文件,−o 和−O 参数指定过滤后输出的双端测序文件(示例中输出 gz 格式压缩文件,便于后续分析读取),−−thread 参数指定程序运行的线程数。实际分析时,可将所有样本的 SRA 号存入文本文件(示例中文件名为 ID),利用简单的 for 循环运行程序,并使用 nohup 命令进行后台处理(图 13-2)。

```
(evolution) [root@localhost wgs_analysis]# ls -l
total 224096352
-rw-r--r--. 1 root root   666520240 Mar 20 10:25 Ccam.allchr.fa
-rw-r--r--. 1 root root 13202300046 Mar 20 09:34 SRR25500237_1.fastq
-rw-r--r--. 1 root root 13202300046 Mar 20 09:34 SRR25500237_2.fastq
-rw-r--r--. 1 root root 11707907226 Mar 20 09:35 SRR25500239_1.fastq
-rw-r--r--. 1 root root 11707907226 Mar 20 09:35 SRR25500239_2.fastq
-rw-r--r--. 1 root root 10947783346 Mar 20 09:37 SRR25500243_1.fastq
-rw-r--r--. 1 root root 10947783346 Mar 20 09:37 SRR25500243_2.fastq
-rw-r--r--. 1 root root 12333347276 Mar 20 09:38 SRR25500248_1.fastq
-rw-r--r--. 1 root root 12333347276 Mar 20 09:38 SRR25500248_2.fastq
-rw-r--r--. 1 root root 12260505216 Mar 20 09:42 SRR25500252_1.fastq
-rw-r--r--. 1 root root 12260505216 Mar 20 09:42 SRR25500252_2.fastq
-rw-r--r--. 1 root root 14891172716 Mar 20 09:45 SRR25500272_1.fastq
-rw-r--r--. 1 root root 14891172716 Mar 20 09:45 SRR25500272_2.fastq
-rw-r--r--. 1 root root 13669424430 Mar 20 09:50 SRR25500278_1.fastq
-rw-r--r--. 1 root root 13669424430 Mar 20 09:50 SRR25500278_2.fastq
-rw-r--r--. 1 root root 14273039250 Mar 20 09:51 SRR25500279_1.fastq
-rw-r--r--. 1 root root 14273039250 Mar 20 09:51 SRR25500279_2.fastq
-rw-r--r--. 1 root root 11118538508 Mar 20 10:08 SRR25500285_1.fastq
-rw-r--r--. 1 root root 11118538508 Mar 20 10:08 SRR25500285_2.fastq
```

图 13-1　本实验所需的香樟基因组文件和重测序数据

```
for i in `cat ID`
do fastp -i ${i}_1.fastq -I ${i}_2.fastq -o ${i}_1.clean.gz -O ${i}_2.clean.gz --thread 16
done
```

图 13-2　利用 for 循环调用 fastp 进行重测序数据过滤

　　2.调用 BWA 的 index 命令对参考基因组建立索引,在终端输入 bwa index Ccam.allchr.fa,按回车键后运行命令,示例分析中建立基因组索引大约耗时 10 分钟(图 13-3)。

```
(evolution) [root@localhost wgs_analysis]# bwa index Ccam.allchr.fa
[bwa_index] Pack FASTA... 4.16 sec
[bwa_index] Construct BWT for the packed sequence...
[BWTIncCreate] textLength=1333040214, availableWord=105797500
[BWTIncConstructFromPacked] 10 iterations done. 99999990 characters processed.
[BWTIncConstructFromPacked] 20 iterations done. 199999990 characters processed.
[BWTIncConstructFromPacked] 30 iterations done. 299999990 characters processed.
[BWTIncConstructFromPacked] 40 iterations done. 399999990 characters processed.
[BWTIncConstructFromPacked] 50 iterations done. 499999990 characters processed.
[BWTIncConstructFromPacked] 60 iterations done. 599999990 characters processed.
[BWTIncConstructFromPacked] 70 iterations done. 698892390 characters processed.
[BWTIncConstructFromPacked] 80 iterations done. 788463110 characters processed.
[BWTIncConstructFromPacked] 90 iterations done. 868069766 characters processed.
[BWTIncConstructFromPacked] 100 iterations done. 938820342 characters processed.
[BWTIncConstructFromPacked] 110 iterations done. 1001699638 characters processed.
[BWTIncConstructFromPacked] 120 iterations done. 1057582902 characters processed.
[BWTIncConstructFromPacked] 130 iterations done. 1107248086 characters processed.
[BWTIncConstructFromPacked] 140 iterations done. 1151386598 characters processed.
[BWTIncConstructFromPacked] 150 iterations done. 1190612998 characters processed.
[BWTIncConstructFromPacked] 160 iterations done. 1225473510 characters processed.
[BWTIncConstructFromPacked] 170 iterations done. 1256453606 characters processed.
[BWTIncConstructFromPacked] 180 iterations done. 1283984742 characters processed.
[BWTIncConstructFromPacked] 190 iterations done. 1308450454 characters processed.
[BWTIncConstructFromPacked] 200 iterations done. 1330191606 characters processed.
[bwt_gen] Finished constructing BWT in 202 iterations.
[bwa_index] 445.01 seconds elapse.
[bwa_index] Update BWT... 4.05 sec
[bwa_index] Pack forward-only FASTA... 2.55 sec
[bwa_index] Construct SA from BWT and Occ... 195.20 sec
[main] Version: 0.7.17-r1188
[main] CMD: bwa index Ccam.allchr.fa
[main] Real time: 652.656 sec; CPU: 650.982 sec
```

图 13-3　BWA 建立基因组索引

3.完成基因组索引后,调用BWA软件的BWA-MEM算法将重测序数据比对至参考基因组。在终端输入bwa mem −t 64 −M ./Ccam.allchr.fa SRR25500237_1.clean.gz SRR25500237_2.clean.gz > SRR25500237.sam,回车后运行命令。−t参数指定程序运行的线程数,−M参数将较短的比对标记为次优,以兼容后续使用的Picard软件。实际分析时,可利用简单的for循环运行程序,并使用nohup命令进行后台处理(图13-4)。在完成初步比对后,可调用SAMtools的flagstat命令,查看数据比对率。示例中,该个体的总体比对率为97.78%,准确比对率(properly mapped)达到92.14%,比对结果较为理想(图13-5)。

```
for i in `cat ID`
do bwa mem -t 64 -M ./Ccam.allchr.fa ${i}_1.clean.gz ${i}_2.clean.gz > ${i}.sam
done
```

图13-4 BWA比对重测序数据至参考基因组

```
(samtools) [root@localhost wgs_analysis]# samtools flagstat SRR25500237.sam
79554001 + 0 in total (QC-passed reads + QC-failed reads)
377069 + 0 secondary
0 + 0 supplementary
0 + 0 duplicates
77789794 + 0 mapped (97.78% : N/A)
79176932 + 0 paired in sequencing
39588466 + 0 read1
39588466 + 0 read2
72953450 + 0 properly paired (92.14% : N/A)
76946190 + 0 with itself and mate mapped
466535 + 0 singletons (0.59% : N/A)
3244412 + 0 with mate mapped to a different chr
2076462 + 0 with mate mapped to a different chr (mapQ>=5)
```

图13-5 重测序数据比对情况统计

4.比对完成后,调用SAMtools的view和sort命令对比对文件进行排序。在终端输入samtools view −b −@ 64 SRR25500237.sam | samtools sort −@ 64 − > SRR25500237.srt.bam,回车后运行命令。−b参数指定输出文件为bam格式,−@参数指定额外的线程数,−参数表示将标准输出作为下一步的输入。实际分析时,可利用简单的for循环运行程序,并使用nohup命令进行后台处理(图13-6)。

```
for i in `cat ID`
do samtools view -b -@ 64 ${i}.sam | samtools sort -@ 64 - > ${i}.srt.bam
done
```

图13-6 利用SAMtools对比对文件进行排序

5.排序完成后,调用SAMtools的view命令并配合AWK软件对比对文件进行过滤。在终端输入samtools view −@ 64 −q 20 −f 0x2 −F 0x4 −F 0x8 −b SRR25500237.srt.bam | samtools view −@ 64 −h −| awk '$1~/^@/ || $7=="=" {print}' | samtools view −@ 48 −b − > SRR25500237_flt_chr.bam,回车后运行命令。−q参数指定最低比对质量,−f参数指定需包含的数据(0x2表示准确匹配的成对数据),−F参数指定需排除的数据(0x4表示未比对上的数据,0x8表示未成对的数据),更多内容见官方文档(https://broadinstitute.github.io/picard/

explain-flags.html)中对于各二进制标注的解释。awk命令行将比对至不同染色体的成对数据进行过滤。实际分析时,可利用简单的for循环运行程序,并使用nohup命令进行后台处理(图13-7)。

```
for i in `cat ID`
do samtools view -@ 64 -q 20 -f 0x2 -F 0x4 -F 0x8 -b ${i}.srt.bam | samtools view -@ 64 -h -| awk '$1-/^@/ || $7=="=" {print}'
| samtools view -@ 48 -b - > ${i}_flt_chr.bam
done
```

图13-7　利用SAMtools和AWK过滤比对文件

6.完成比对数据的初步过滤后,调用Picard的MarkDuplicates功能对重复数据进行标记。在终端输入java −jar −Xmx128G picard.jar MarkDuplicates I=SRR25500237_flt_chr.bam O=SRR25500237_flt_chr_dup.bam M=SRR25500237.duplicates.log,回车后运行命令。I、O、M参数分别指定输入文件、输出文件、运行日志文件。实际分析时,可利用简单的for循环运行程序,并使用nohup命令进行后台处理(图13-8)。

```
for i in `cat ID`
do java -jar -Xmx128G picard.jar MarkDuplicates I=${i}_flt_chr.bam O=${i}_flt_chr_dup.bam M=${i}.duplicates.log
done
```

图13-8　利用Picard标记重复数据

7.同时,调用Picard的CreateSequenceDictionary功能和SAMtools的faidx命令为参考基因组创建序列字典和索引。在终端输入java −jar picard.jar CreateSequenceDictionary R=Ccam.allchr.fa O= Ccam.allchr.dict,回车后运行命令,生成序列字典。R参数指定参考基因组文件,O参数指定输出的字典文件。在终端输入samtools faidx Ccam.allchr.fa,回车后运行命令,生成基因组序列索引文件Ccam.allchr.fa.fai。

8.完成第6步重复数据标记后,调用Picard的AddOrReplaceReadGroups功能将相同个体比对数据归入同组,未完成该步骤将导致后续的SNP鉴定无法进行。在终端输入java −jar picard.jar AddOrReplaceReadGroups I=SRR25500237_flt_chr_dup.bam O=SRR25500237_for_caller.bam RGID=SRR25500237 RGLB=SRR25500237 RGPL=ILLUMINA RGSM=SRR25500237 RGPU=unit1,回车后运行命令。实际分析时,可利用简单的for循环运行程序,并使用nohup命令进行后台处理(图13-9)。

```
for i in `cat ID`
do java -jar picard.jar AddOrReplaceReadGroups I=${i}_flt_chr_dup.bam O=${i}_for_caller.bam RGID=${i} RGLB=${i} RGPL=ILLUMINA RGSM=${i} RGPU=unit1
done
```

图13-9　利用Picard进行数据归组

9.调用SAMtools的index命令为比对文件建立索引。在终端输入samtools index SRR25500237_for_caller.bam,回车后运行命令。实际分析时,可利用简单的for循环运行程序,并使用nohup命令进行后台处理(图13-10)。

```
for i in `cat ID`
do samtools index -@ 64 ${i}_for_caller.bam
done
```

图13-10　利用samtools为比对文件建立索引

10.新建文件夹(示例中为 ./call_bam),将所有处理好的比对文件(*_for_caller.bam)移动到该文件夹。随后,调用 BCFtools 的 mpileup 命令生成具 genotype likelihoods 信息的比对文件,进一步调用 call 命令进行变异位点的检测。在终端输入 bcftools mpileup -Ou ./call_bam/*.bam --fasta-ref ./Ccam.allchr.fa | bcftools call -mv -Ou -o all_call.bcf.gz,回车后运行命令。-Ou 参数指定输出文件为压缩的 BCF 格式。实际分析时,可使用 nohup 命令进行后台处理。

11.至此,变异位点的检测已经完成。为了去除检测过程中出现的偏倚,需进一步对变异位点进行过滤。调用 BCFtools 的 filter 命令进行硬过滤,bcftools filter --threads 64 -e 'QUAL<20 ‖ DP > 250 ‖ MQBZ < -3 ‖ RPBZ < -3 ‖ RPBZ > 3 ‖ SCBZ > 6' -O z -o all_call_hard_flt.vcf.gz all_call.bcf.gz。-e 参数指定去除满足后续条件的位点,‖表示位点满足表达式中任何一项则被去除。示例中去除比对质量(QUAL)小于 20、比对深度(DP)大于 250 及存在其他明显检测偏倚的位点。该过滤步骤可较好地去除假阳性位点,详细说明可参考官方文档(https://www.htslib.org/workflow/filter.html)。实际分析时,可使用 nohup 命令进行后台处理。

12.随后,调用 VCFtools 进行软过滤,vcftools --gzvcf all_call_hard_flt.vcf.gz --remove-indels --min-alleles 2 --max-alleles 2 --max-missing 0.8 --hwe 0.01 --maf 0.05 --recode --recode-INFO-all --out final.flt。--gzvcf 参数指定输入文件为压缩的 VCF 文件,--remove-indels 参数指定去除 InDels,即仅保留 SNP 位点,--min-alleles 和--max-alleles 参数指定等位基因数量范围(示例中因香樟是二倍体,因此保留等位基因数为 2 的位点),--max-missing 指定允许的缺失数据占总个体的比例,--hwe 参数指定满足哈温平衡的显著度,--maf 参数指定去除特定阈值的低频等位基因,--recode 和--recode-INFO-all 参数指定输出保留所有 INFO 信息的新 VCF 文件,--out 参数指定输出文件名。运行日志显示,经过以上实验步骤,最终保留 12403248 个高质量 SNP 位点,可供后续的群体遗传学分析(图 13-11)。

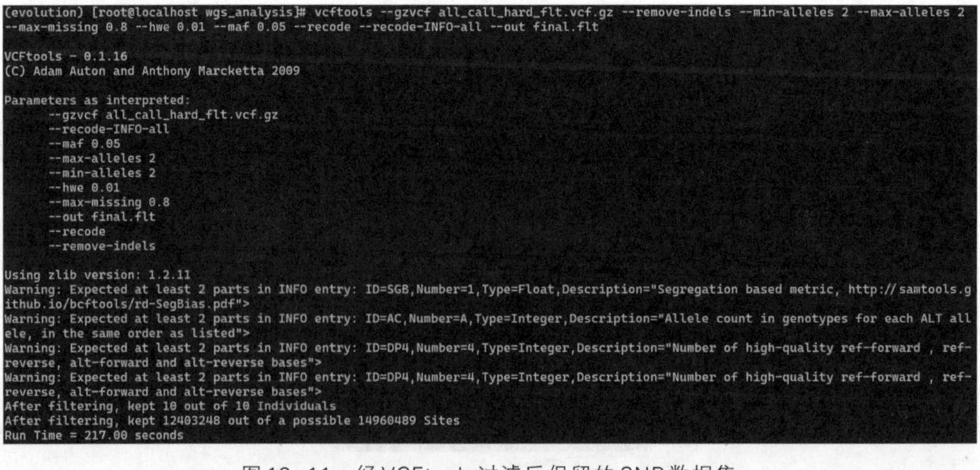

图 13-11　经 VCFtools 过滤后保留的 SNP 数据集

五、思考与习题

1.除BWA外,还有哪些软件适合将高通量测序数据比对至参考基因组?

2.除了BCFtools,还有哪些软件可以完成变异位点的识别?

3.下载GATK软件(https://gatk.broadinstitute.org/hc/en-us),利用该软件完成实验数据的SNP位点检测和过滤。

实验二　利用plink和ADMIXTURE分析种群结构

一、实验目的

以香樟重测序SNP数据集为材料,在了解PLINK、ADMIXTURE软件原理的基础上,掌握群体结构分析方法,并完成香樟样本群体的主成分分析(PCA)和遗传结构解析。

二、实验原理

PLINK是一款全基因组关联分析工具集,在遗传数据分析领域具有广泛的应用。它支持处理大规模的遗传数据集,并提供了一系列命令行工具,主要功能包括基因型质量控制、关联分析、主成分分析(PCA)、遗传多样性分析、遗传模型拟合、遗传连锁不平衡分析等。ADMIXTURE是一款用于群体遗传结构分析的软件,能够基于多基因座SNP数据集对个体祖先进行最大似然估计,从而推断不同群体之间的遗传关系。相较于同类软件,ADMIXTURE具一定算法优势。

三、实验材料

1.本项目实验一检测、过滤获得的香樟10个体重测序SNP数据集(final.flt.recode.vcf)。

2.PLINK软件(版本1.9),官方主页为https://www.cog-genomics.org/plink/;推荐使用conda安装:conda install bioconda::plink。

3.ADMIXTURE软件(版本1.3.0),官方主页为https://dalexander.github.io/admixture/index.html;推荐使用conda安装:conda install bioconda::admixture。

四、操作步骤

1.理论上,PCA和ADMIXTURE分析均需要以非连锁SNP位点作为数据集。首先,利用PLINK的--indep-pairwise功能去除强连锁不平衡(LD)的位点。在终端输入plink --vcf final.flt.recode.vcf --double-id --allow-extra-chr --set-missing-var-ids @:# --indep-pairwise 50 10 0.4 --out ld_pruned,回车后运行命令。--vcf参数指定输入的VCF文件,--double-id参数指定将family ID和sample ID保持相同(适用于通常父母本未知的植物群体),--allow-extra-chr参数允许非标准染色体编号,--set-missing-var-ids参数指定对SNP

缺失位点的命名，--indep-pairwise参数指定LD过滤的标准（示例中窗口大小为50，滑窗长度为10，r^2阈值为0.4），--out参数指定输出文件名前缀。运行日志显示，原始数据集12403248个SNP中有11383012个因连锁不平衡而被过滤，剩余1020236个SNP；结果文件被写入ld_pruned.prune.in（包含连锁平衡位点信息）和1d_pruned.prune.out（包含连锁不平衡位点信息）（图13-12）。

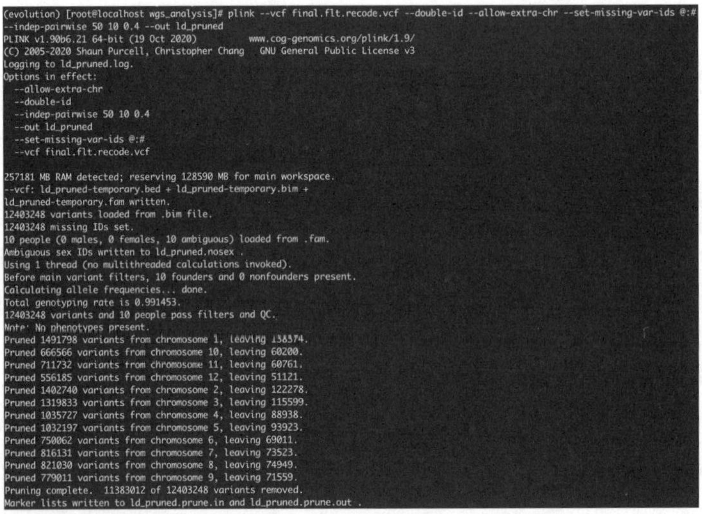

```
(evolution) [root@localhost wgs_analysis]# plink --vcf final.flt.recode.vcf --double-id --allow-extra-chr --set-missing-var-ids @:#
--indep-pairwise 50 10 0.4 --out ld_pruned
PLINK v1.90b6.21 64-bit (19 Oct 2020)          www.cog-genomics.org/plink/1.9/
(C) 2005-2020 Shaun Purcell, Christopher Chang   GNU General Public License v3
Logging to ld_pruned.log.
Options in effect:
  --allow-extra-chr
  --double-id
  --indep-pairwise 50 10 0.4
  --out ld_pruned
  --set-missing-var-ids @:#
  --vcf final.flt.recode.vcf

257181 MB RAM detected; reserving 128590 MB for main workspace.
--vcf: ld_pruned-temporary.bed + ld_pruned-temporary.bim +
ld_pruned-temporary.fam written.
12403248 variants loaded from .bim file.
12403248 missing IDs set.
10 people (0 males, 0 females, 10 ambiguous) loaded from .fam.
Ambiguous sex IDs written to ld_pruned.nosex .
Using 1 thread (no multithreaded calculations invoked).
Before main variant filters, 10 founders and 0 nonfounders present.
Calculating allele frequencies... done.
Total genotyping rate is 0.991453.
12403248 variants and 10 people pass filters and QC.
Note: No phenotypes present.
Pruned 1491798 variants from chromosome 1, leaving 138374.
Pruned 666566 variants from chromosome 10, leaving 60200.
Pruned 711732 variants from chromosome 11, leaving 60761.
Pruned 556185 variants from chromosome 12, leaving 51121.
Pruned 1402740 variants from chromosome 2, leaving 122278.
Pruned 1319833 variants from chromosome 3, leaving 115599.
Pruned 1035727 variants from chromosome 4, leaving 88938.
Pruned 1032197 variants from chromosome 5, leaving 93923.
Pruned 750062 variants from chromosome 6, leaving 69011.
Pruned 816131 variants from chromosome 7, leaving 73523.
Pruned 821030 variants from chromosome 8, leaving 74949.
Pruned 779011 variants from chromosome 9, leaving 71559.
Pruning complete.  11383012 of 12403248 variants removed.
Marker lists written to ld_pruned.prune.in and ld_pruned.prune.out .
```

图13-12　利用PLINK去除显著连锁的SNP

2. 随后，利用PLINK的--pca功能进行主成分分析（PCA）。在终端输入plink --vcf final. flt. recode. vcf -- double-id -- allow-extra-chr --set-missing-var-ids @:# --extract ld_pruned.prune.in --make-bed --pca --out ld_pruned_pca，回车后运行命令。--extract参数指定提取SNP信息的文件，--make-bed参数指定生成二进制输出文件，--pca参数指定抽取的主成分个数（默认20）。运行日志显示，10个体中1020236个SNP被分析，总体基因分型率为0.98638，共抽提10个主成分（因个体仅10个）（图13-13）。

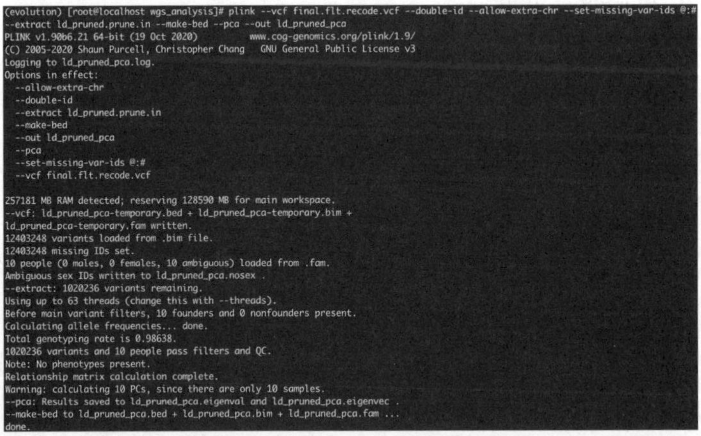

```
(evolution) [root@localhost wgs_analysis]# plink --vcf final.flt.recode.vcf --double-id --allow-extra-chr --set-missing-var-ids @:#
--extract ld_pruned.prune.in --make-bed --pca --out ld_pruned_pca
PLINK v1.90b6.21 64-bit (19 Oct 2020)          www.cog-genomics.org/plink/1.9/
(C) 2005-2020 Shaun Purcell, Christopher Chang   GNU General Public License v3
Logging to ld_pruned_pca.log.
Options in effect:
  --allow-extra-chr
  --double-id
  --extract ld_pruned.prune.in
  --make-bed
  --out ld_pruned_pca
  --pca
  --set-missing-var-ids @:#
  --vcf final.flt.recode.vcf

257181 MB RAM detected; reserving 128590 MB for main workspace.
--vcf: ld_pruned_pca-temporary.bed + ld_pruned_pca-temporary.bim +
ld_pruned_pca-temporary.fam written.
12403248 variants loaded from .bim file.
12403248 missing IDs set.
10 people (0 males, 0 females, 10 ambiguous) loaded from .fam.
Ambiguous sex IDs written to ld_pruned_pca.nosex .
--extract: 1020236 variants remaining.
Using up to 63 threads (change this with --threads).
Before main variant filters, 10 founders and 0 nonfounders present.
Calculating allele frequencies... done.
Total genotyping rate is 0.98638.
1020236 variants and 10 people pass filters and QC.
Note: No phenotypes present.
Relationship matrix calculation complete.
Warning: calculating 10 PCs, since there are only 10 samples.
--pca: Results saved to ld_pruned_pca.eigenval and ld_pruned_pca.eigenvec .
--make-bed to ld_pruned_pca.bed + ld_pruned_pca.bim + ld_pruned_pca.fam ...
done.
```

图13-13　利用PLINK进行PCA分析

3.PCA分析生成一系列输出文件(图 13-14),其中 .fam 文件存储了样本信息, .bed 文件存储了基因型信息, .bim 文件存储了每个 SNP 的相关信息, .eigenval 文件记录了每个主成分的特征值(即对遗传变异的解释度), .eigenvec 文件记录了每个样品在各主成分的特征向量。通过查看 .eigenval 文件前两行,可知主成分 1(PC1)解释了 1.41% 的遗传变异,主成分 2(PC2)解释了 1.22% 的遗传变异。通过对 .eigenvec 文件进行简单 R 语言作图,可知 10 个样本根据其在 PC1 轴和 PC2 轴的变异可分为三组(图 13-15)。

Filename	Filesize	Filetype
..		
ld_pruned_pca.log	1409	log-file
ld_pruned_pca.fam	330	fam-file
ld_pruned_pca.bed	3060711	bed-file
ld_pruned_pca.eigenvec	1215	eigenvec-file
ld_pruned_pca.eigenval	88	eigenval-file
ld_pruned_pca.bim	31513076	bim-file
ld_pruned_pca.nosex	240	nosex-file

图 13-14　PCA 分析输出文件

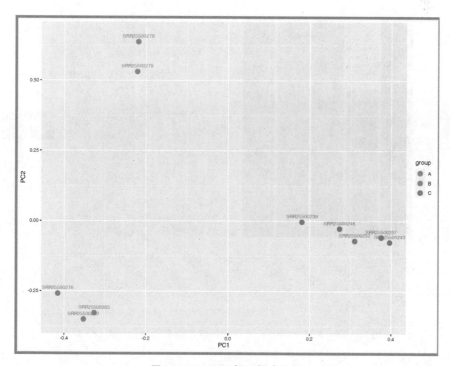

图 13-15　PCA 揭示样本分组

4. 在终端依次输入两条命令 awk '{$1= "0"; print $0}' ld_pruned_pca.bim > ld_pruned_pca.bim.tmp 和 mv ld_pruned_pca.bim.tmp ld_pruned_pca.bim,完成 .bim 文件的修改,以满足 ADMIXTURE 输入文件格式需求。ADMIXTURE 以 .bed 文件为输入, --cv 参数指定进行交叉验证, -j 参数指定运行线程数。通过 for 循环,遍历 $K=2$ 至 $K=5$ 运行 ADMIXTURE(图 13-16)。

```
for i in {2..5}
do admixture --cv ld_pruned_pca.bed $i -j48 > log${i}_ld_pruned.out
done
```

图 13-16 ADMIXTURE 分析示例命令

5.通过比较 $K=2$ 至 $K=5$ 的交叉验证错误率（CV error），可知 $K=2$ 时错误率最低，为最佳模型（图 13-17）。通过对 $K=2$ 模型的 Q 文件（ld_pruned_pca.2.Q）进行简单 R 语言作图，获得每个样本的祖先基因池分配情况（图 13-18）。5 个体的祖先基因池为第 1 类，对应 PCA 分析中的 A 组和 B 组；5 个体的祖先基因池为第 2 类（其中 1 个体出现基因池混杂），对应 PCA 分析中的 C 组。

```
(evolution) [root@localhost wgs_analysis]# grep CV log*
log2_ld_pruned.out:CV error (K=2): 1.22047
log3_ld_pruned.out:CV error (K=3): 1.68395
log4_ld_pruned.out:CV error (K=4): 2.58324
log5_ld_pruned.out:CV error (K=5): 1.94927
```

图 13-17 ADMIXTURE 分析中的交叉验证错误率

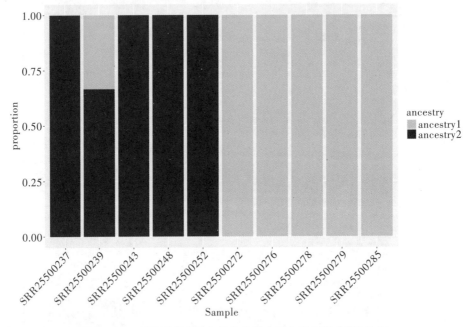

图 13-18 ADMIXTURE 支持的各样本祖先基因池分配（$K=2$）

五、思考与习题

1.除了 PLINK，还有哪些主流软件可以基于 SNP 数据进行 PCA 分析？

2.除了 ADMIXTURE，还有哪些主流软件可对 SNP 数据进行群体结构分析？

3.示例中，PCA 结果支持样本分为三组，而 ADMIXTURE 的最佳 K 为 2。尝试绘制 $K=3$ 时 ADMIXTURE 分析结果，并结合 $K=2$ 时结果，思考其与 PCA 结果的关联。

4.下载fastStructure软件(https://rajanil.github.io/fastStructure/),基于示例数据分析群体结构,并比较其与ADMIXTURE分析结果的异同。

实验三　利用VCFtools计算遗传多样性参数

一、实验目的

以香樟重测序SNP数据集为材料,在了解VCFtools软件原理的基础上,掌握群体遗传多样性参数分析方法,并完成香樟样本群体的pi值和F_{st}计算。

二、实验原理

VCFtools软件除格式转换、数据过滤等功能之外,还可基于滑窗法计算不同群体之间的遗传多样性参数。遗传多样性pi值,即核苷酸多样性,用于量化种群内部或不同种群间的遗传多样性。它表示在一个给定的DNA区域或基因组中,平均每个位点上的不同等位基因数量,反映了群体内不同个体DNA序列间的平均碱基差异比例。遗传分化指数F_{st}是一种以哈温平衡为前提的群体遗传学统计指标,取值范围为0至1。当F_{st}为0时,意味着两个群体随机交配,基因型完全相似;而当F_{st}为1时,表示两个群体完全隔离,基因型完全不同。

三、实验材料

1.实验13.1检测、过滤获得的香樟10个体重测序SNP数据集(final.flt.recode.vcf)。

2.VCFtools(版本0.1.16),官方主页为https://vcftools.github.io/;推荐使用conda安装:conda install bioconda::vcftools。

四、操作步骤

1.在终端输入命令vcftools --vcf final.flt.recode.vcf --window-pi 10000,回车后运行命令,获得基于滑窗法获得的基因组窗口pi值。--window-pi参数指定滑窗大小(示例为10 kb)。结果文件中,第一列为染色体编号,第二列和第三列为窗口起止位置,第四列为窗口中SNP数量,第五列为窗口pi值(图13-19)。通过统计,可知平均pi值为0.0063。通过简单的R语言作图,可展示每条染色体上的pi值分布情况(图13-20)。

CHROM	BIN_START	BIN_END	N_VARIANTS	PI
Chr1	30001	40000	18	0.000501655
Chr1	40001	50000	64	0.0018572
Chr1	50001	60000	17	0.000371634
Chr1	60001	70000	20	0.000619076
Chr1	70001	80000	105	0.00276479
Chr1	80001	90000	106	0.00308135
Chr1	90001	100000	37	0.00154161
Chr1	100001	110000	39	0.00155532
Chr1	110001	120000	42	0.00155488
Chr1	120001	130000	35	0.00138842
Chr1	130001	140000	21	0.000673171
Chr1	140001	150000	34	0.00142789
Chr1	150001	160000	36	0.00150421
Chr1	160001	170000	40	0.00171589
Chr1	170001	180000	50	0.00204263
Chr1	180001	190000	39	0.00160789
Chr1	190001	200000	32	0.00139526
Chr1	200001	210000	44	0.00177211
Chr1	210001	220000	22	0.000943684
Chr1	220001	230000	46	0.00196263
Chr1	230001	240000	54	0.00220127
Chr1	240001	250000	46	0.00193056
Chr1	250001	260000	52	0.00194526
Chr1	260001	270000	30	0.00105166
Chr1	270001	280000	24	0.00106
Chr1	280001	290000	46	0.00190804
Chr1	290001	300000	36	0.00127005
Chr1	300001	310000	25	0.00105639
Chr1	310001	320000	33	0.00129632
Chr1	320001	330000	101	0.00484026
Chr1	330001	340000	89	0.00416246
Chr1	340001	350000	83	0.00386368
Chr1	350001	360000	171	0.00727981
Chr1	360001	370000	92	0.00427647
Chr1	370001	380000	60	0.00279005
Chr1	380001	390000	54	0.00206173
Chr1	390001	400000	20	0.000754752

`out.windowed.pi`

图 13-19 基于滑窗法(10kb)获得的基因组 pi 值部分结果

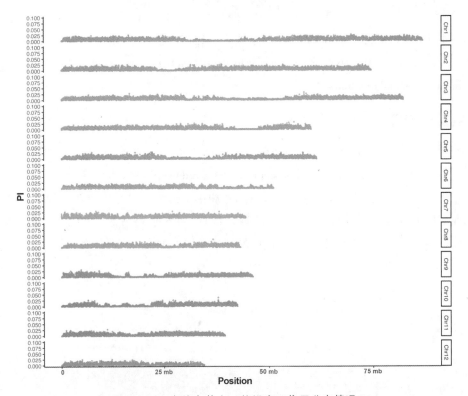

图 13-20 各染色体上 pi 值沿窗口位置分布情况

2.根据本项目实验二PCA结果，可知样本可分为三组，将各组样本信息（SRA号）分别写入文本Group_A、Group_B和Gourp_C。在终端依次输入命令vcftools --vcf final.flt.recode.vcf --weir-fst-pop Group_A --weir-fst-pop Group_B --out Group_AB、vcftools --vcf final.flt.recode.vcf --weir-fst-pop Group_A --weir-fst-pop Group_C --out Group_AC、vcftools --vcf final.flt.recode.vcf --weir-fst-pop Group_B --weir-fst-pop Group_C --out Group_BC，回车后运行命令，可获得各组间基于所有位点的F_{st}值。--weir-fst-pop参数指定计算群体包括的个体ID，需保持与VCF文件中一致。结果显示，Group A和Group B之间平均F_{st}值为0.045，加权F_{st}值为0.096（图13-21）；Group A和Group C之间平均F_{st}值为0.065，加权F_{st}值为0.106; Group B和Group C之间平均F_{st}值为0.072，加权F_{st}值为0.107。

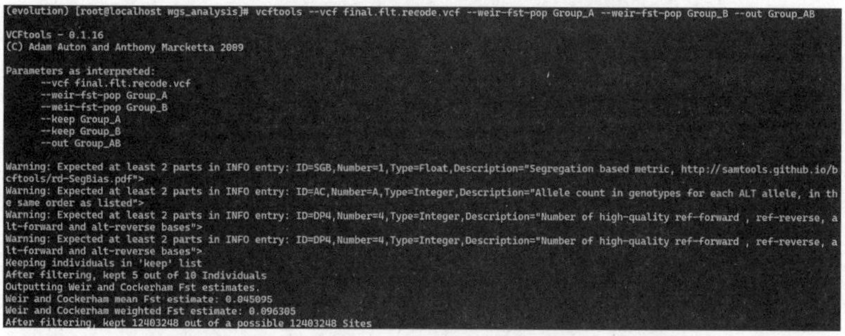

```
(evolution) [root@localhost wgs_analysis]# vcftools --vcf final.flt.recode.vcf --weir-fst-pop Group_A --weir-fst-pop Group_B --out Group_AB

VCFtools - 0.1.16
(C) Adam Auton and Anthony Marcketta 2009

Parameters as interpreted:
        --vcf final.flt.recode.vcf
        --weir-fst-pop Group_A
        --weir-fst-pop Group_B
        --keep Group_A
        --keep Group_B
        --out Group_AB

Warning: Expected at least 2 parts in INFO entry: ID=SGB,Number=1,Type=Float,Description="Segregation based metric, http://samtools.github.io/bcftools/rd-SegBias.pdf">
Warning: Expected at least 2 parts in INFO entry: ID=AC,Number=A,Type=Integer,Description="Allele count in genotypes for each ALT allele, in the same order as listed">
Warning: Expected at least 2 parts in INFO entry: ID=DP4,Number=4,Type=Integer,Description="Number of high-quality ref-forward , ref-reverse, alt-forward and alt-reverse bases">
Warning: Expected at least 2 parts in INFO entry: ID=DP4,Number=4,Type=Integer,Description="Number of high-quality ref-forward , ref-reverse, alt-forward and alt-reverse bases">
Keeping individuals in 'keep' list
After filtering, kept 5 out of 10 Individuals
Outputting Weir and Cockerham Fst estimates.
Weir and Cockerham mean Fst estimate: 0.045095
Weir and Cockerham weighted Fst estimate: 0.096305
After filtering, kept 12403248 out of a possible 12403248 Sites
```

图13-21　基于所有位点的不同遗传组分间F_{st}值

3.同时，可以利用滑窗法对不同组间的F_{st}值进行计算。在终端输入命令vcftools --vcf final.flt.recode.vcf --weir-fst-pop Group_A --weir-fst-pop Group_B --fst-window-size 10000 --fst-window-step 1000 --out Group_AB_window，回车后运行命令。--fst-window-size参数指定窗口大小，--fst-window-step参数指定窗口移动步长。结果文件中，第一列为染色体编号，第二列和第三列为窗口起止位置，第四列为窗口中SNP数量，第五列为窗口加权F_{st}值，第六列为窗口平均F_{st}值（图13-22）。实际分析中，如果出现F_{st}值小于0，可能由抽样误差造成，可视为F_{st}=0。

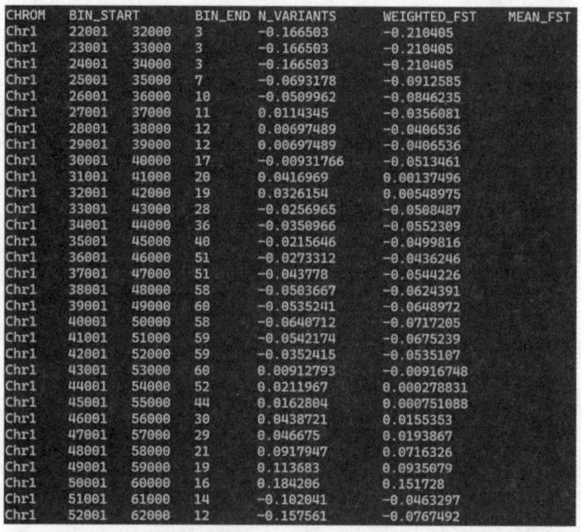

CHROM	BIN_START	BIN_END	N_VARIANTS	WEIGHTED_FST	MEAN_FST
Chr1	22001	32000	3	-0.166503	-0.210405
Chr1	23001	33000	3	-0.166503	-0.210405
Chr1	24001	34000	3	-0.166503	-0.210405
Chr1	25001	35000	7	-0.0693178	-0.0912585
Chr1	26001	36000	10	-0.0509962	-0.0846235
Chr1	27001	37000	11	0.0114345	-0.0356081
Chr1	28001	38000	12	0.00697489	-0.0406536
Chr1	29001	39000	12	0.00697489	-0.0406536
Chr1	30001	40000	17	-0.00931766	-0.0513461
Chr1	31001	41000	20	0.0416969	0.00137496
Chr1	32001	42000	19	0.0326154	0.00548975
Chr1	33001	43000	28	-0.0256965	-0.0508487
Chr1	34001	44000	36	-0.0350966	-0.0552309
Chr1	35001	45000	40	-0.0215646	-0.0499816
Chr1	36001	46000	51	-0.0273312	-0.0436246
Chr1	37001	47000	51	-0.043778	-0.0544226
Chr1	38001	48000	58	-0.0503667	-0.0624391
Chr1	39001	49000	60	-0.0535241	-0.0648972
Chr1	40001	50000	58	-0.0640712	-0.0717205
Chr1	41001	51000	59	-0.0542174	-0.0675239
Chr1	42001	52000	59	-0.0352415	-0.0535107
Chr1	43001	53000	60	0.00912793	-0.00916748
Chr1	44001	54000	52	0.0211967	0.000278831
Chr1	45001	55000	44	0.0162804	0.000751088
Chr1	46001	56000	30	0.0438721	0.0155353
Chr1	47001	57000	29	0.046675	0.0193867
Chr1	48001	58000	21	0.0917947	0.0716326
Chr1	49001	59000	19	0.113683	0.0935079
Chr1	50001	60000	16	0.184206	0.151728
Chr1	51001	61000	14	-0.102041	-0.0463297
Chr1	52001	62000	12	-0.157561	-0.0767492

图13-22　基于滑窗法（10kb）获得的F_{st}值部分结果

4.经统计,滑窗法获得的 Group A 和 Group B 之间平均 F_{st} 值为 0.045,平均加权 F_{st} 值为 0.096,与位点法一致(步骤 2)。通过简单的 R 作图,可展示每条染色体上的加权 F_{st} 值分布情况(图 13-23)。尽管总体 F_{st} 较低,仍有部分位点存在高度分化($F_{st}>0.5$),这些位点可能与人工驯化或自然选择相关。类似地,也可计算并绘制 Group_A 和 Group_C 之间、Group_B 和 Group_C 之间的窗口 F_{st} 值。

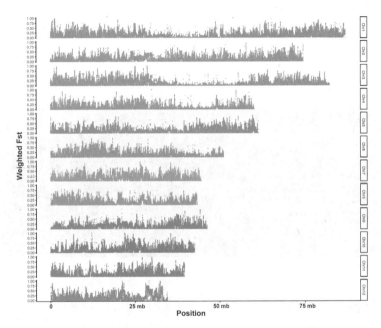

图 13-23   各染色体上加权 F_{st} 值沿窗口位置分布情况

五、思考与习题

1.除了 VCFtools,还有哪些主流软件可以计算遗传多样性参数?

2.下载 PIXY 软件(https://github.com/ksamuk/pixy),计算实例数据集的各项遗传多样性参数。

实验四   利用FASTME构建邻接树

一、实验目的

以香樟重测序 SNP 数据集为材料,在了解邻接树(Neighbor-Joining,NJ)建树原理的基础上,利用 FASTME 软件完成香樟样本群体 NJ 树的构建。

二、实验原理

用邻接法构建进化树(即 NJ 树),是一种常用的系统发育树构建方法。该方法通过计算每个样本与其他样本之间的距离,根据最近共同祖先原则进行聚类。NJ树中的相似系数是衡量样本之间亲缘关系的重要指标,通常采用树状图的方式表示。NJ法是一种启发式方法,可以迅速地分析大型数据集的数据结构并构建进化关系。FastME是一款进化树构建工具,可基于距离矩阵重建进化树。其核心算法基于最小进化原理,通过优化树的拓扑结构来最小化树的总长度。这种方法能够有效地平衡计算复杂度和结果的准确性,使得FastME软件成为系统发育学研究中常用的工具之一。VCF2Dis是一个用于处理VCF文件的工具,它可以将VCF文件转化为用于构建进化树的距离矩阵。

三、实验材料

1.本项目实验一检测、过滤获得的香樟10个体重测序SNP数据集(final.flt.recode.vcf)。

2.VCF2Dis软件(版本1.50),官方主页为https://github.com/hewm2008/VCF2Dis。

3.FastME软件(版本2.0),在线网址为http://www.atgc-montpellier.fr/fastme/。

4.FigTree软件(版本1.4.4),官方主页为http://tree.bio.ed.ac.uk/software/figtree/。在完成上述分析后,对NJ树进行初步可视化。

四、操作步骤

1.在当前路径安装VCF2Dis软件,并利用VCF2Dis软件将VCF转化为遗传距离文件。在终端输入命令 ./VCF2Dis-1.50/bin/VCF2Dis −InPut ./final.flt.recode.vcf -OutPut ./final.flt.recode.vcf.dist,回车后运行。实际分析时,程序会自动修改名称过长的样品,需在运行完成后将样品名复原(图13−24)。运行完成后,可得到10个样本的遗传距离矩阵(图13−25)。

```
(evolution) [root@localhost wgs_analysis]# ./VCF2Dis-1.50/bin/VCF2Dis -InPut ./final.flt.recode.vcf -OutPut ./final.flt.recode.vcf.dist
warning : Sample name too long [ SRR25500237 ] length is 11 biger (10byte),new Name is SRR2550023
warning : Sample name too long [ SRR25500239 ] length is 11 biger (10byte),new Name is RR25500239
warning : Sample name too long [ SRR25500243 ] length is 11 biger (10byte),new Name is SRR2550024
warning : Sample name too long [ SRR25500248 ] length is 11 biger (10byte),new Name is RR25500248
warning : Sample name too long [ SRR25500252 ] length is 11 biger (10byte),new Name is SRR2550025
warning : Sample name too long [ SRR25500272 ] length is 11 biger (10byte),new Name is SRR2550027
warning : Sample name too long [ SRR25500276 ] length is 11 biger (10byte),new Name is SRR25500276
warning : Sample name too long [ SRR25500278 ] length is 11 biger (10byte),new Name is RR25500278
warning : Sample name too long [ SRR25500279 ] length is 11 biger (10byte),new Name is RR25500279
warning : Sample name too long [ SRR25500285 ] length is 11 biger (10byte),new Name is SRR2550028
Total Sample Number to construct p-distance matrix is [ 10 ]
Start To Cal ...
Start To Create P_distance ...
P_distance is created done ...
```

图13−24 VCF2Dis运行日志

10									
SRR2550023	0.000000	0.232122	0.157255	0.237124	0.225198	0.281785	0.288163	0.284276	0.282953	0.277208
RR25500239	0.232122	0.000000	0.234110	0.245345	0.283939	0.282640	0.284167	0.282917	0.281816	0.275071
SRR2550024	0.157255	0.234110	0.000000	0.237362	0.231006	0.281840	0.292769	0.288063	0.287465	0.279470
RR25500248	0.237124	0.245345	0.237362	0.000000	0.228647	0.281844	0.282938	0.286275	0.284167	0.284713
SRR2550025	0.225198	0.283939	0.231006	0.228647	0.000000	0.285503	0.288413	0.292692	0.288347	0.283053
SRR2550027	0.281785	0.282640	0.281840	0.281844	0.285503	0.000000	0.227004	0.288728	0.289255	0.241341
RR25500276	0.288163	0.284167	0.292769	0.282938	0.288413	0.227004	0.000000	0.280248	0.275050	0.243431
RR25500278	0.284276	0.282917	0.288063	0.286275	0.292692	0.288728	0.280248	0.000000	0.250343	0.291489
RR25500279	0.282953	0.281816	0.287465	0.284167	0.288347	0.289255	0.275050	0.250343	0.000000	0.284680
SRR2550028	0.277208	0.275071	0.279470	0.284713	0.283053	0.241341	0.243431	0.291489	0.284680	0.000000

图13−25 VCF2Dis分析获得的遗传距离矩阵

2.登录FastME在线网址(http://www.atgc-montpellier.fr/fastme/),在Input Data栏单击choose file,将遗传距离矩阵导入,并在Data Type类型中选择Distance matrix;在Tree

Building 栏 的 Algorithm 类 型 中 选 择 NJ；在 Tree Refinement 栏 勾 选 NNI_BalME 和 SPR_BalME；最后，在 Name of your analysis 栏输入分析项目名并填写接收分析结果的邮箱，单击 Run analysis 提交（图 13-26）。

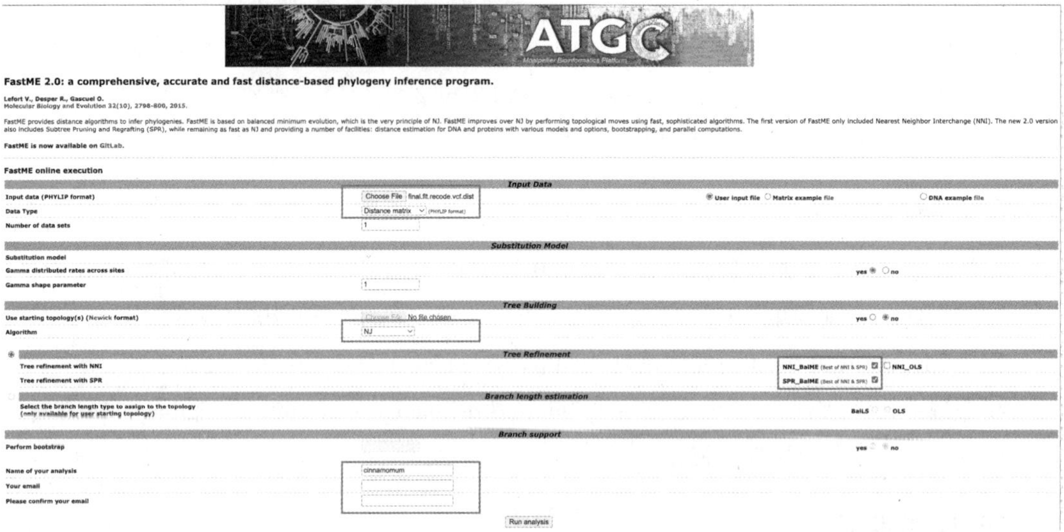

图 13-26　FastME 在线网址提交分析

3.查看分析日志（final_flt_recode_vcf_dist_fastme-stats.txt），可知本次分析使用的方法、具体参数和结果。本次分析构建的 NJ 树总枝长为 1.21935504，可解释超过 99%的遗传变异信息（图 13-27）。

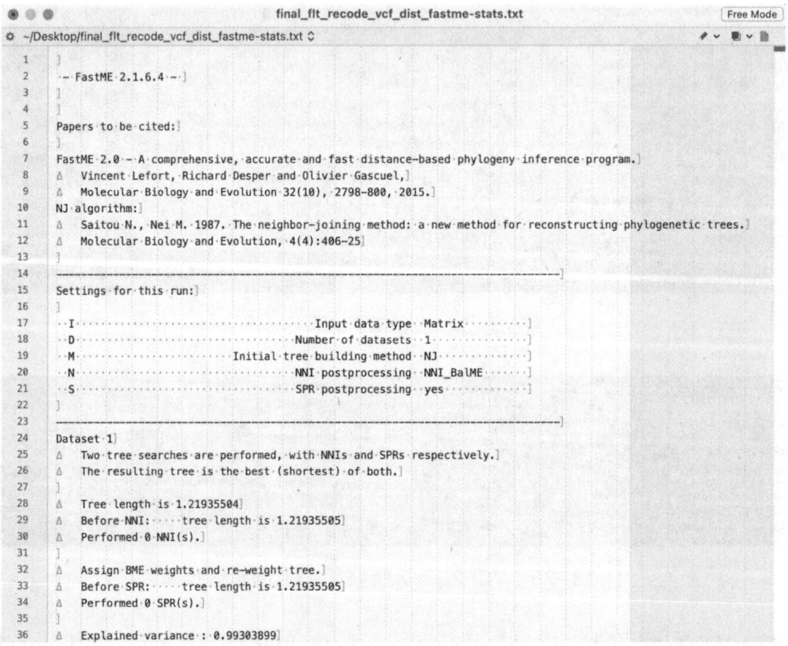

图 13-27　FastME 分析日志

4.使用FigTree软件打开final_flt_recode_vcf_dist_fastme-tree.nwk树文件,并选择圆形进化树布局(图13-28)。NJ树显示10个样本中包含三个进化支,分别对应PCA分析结果中的Group A、Group B和Group C(图13-15),因此示例分析中NJ树与PCA结果可相互印证。

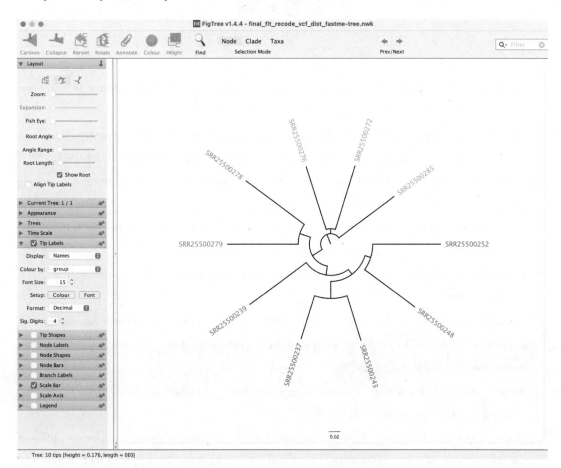

图13-28　基于遗传距离矩阵构建的NJ树

五、思考与习题

1.除了VCF2Dis软件,哪些工具也可以基于VCF文件计算遗传距离矩阵?

2.MEGA软件(https://www.megasoftware.net/)也是主流的NJ树构建软件之一,尝试利用该软件对实例数据集进行进化树分析。

参考文献

［1］Alexander DH, Novembre J, Lange K. Fast model-based estimation of ancestry in unrelated individuals［J］. Genome Research, 2009, 19(9): 1655-1664.

［2］Almagro Armenteros JJ, Salvatore M, Emanuelsson O, et al. Detecting sequence signals in targeting peptides using deep learning［J］. Life Science Alliance, 2019, 2(5): e201900429.

［3］Bailey TL, Boden M, Buske FA, et al. MEME SUITE: tools for motif discovery and searching［J］. Nucleic Acids Research, 2009, 37: 202-208.

［4］Bienert S, Waterhouse A, de Beer TAP, et al. The SWISS-MODEL Repository-new features and functionality［J］. Nucleic Acids Research, 2017, 45: D313-D319.

［5］Brown JW, Walker JF, Smith SA. Phyx: Phylogenetic tools for unix［J］. Bioinformatics, 2017, 33: 1886-1888.

［6］Brůna T, Hoff KJ, Lomsadze A, et al. BRAKER2: automatic eukaryotic genome annotation with GeneMark-EP+ and AUGUSTUS supported by a protein database［J］. NAR Genomics and Bioinformatics, 2021, 3(1): lqaa108.

［7］Burge C, Karlin S. Prediction of complete gene structures in human genomic DNA［J］. Journal of Molecular Biology, 1997, 268(1): 78-94.

［8］Butler A, Hoffman P, Smibert P, et al. Integrating single-cell transcriptomic data across different conditions, technologies, and species［J］. Nature Biotechnology, 2018, 36(5): 411-420.

［9］Capella-Gutiérrez S, Silla-Martínez JM, Gabaldón T. trimAl: a tool for automated alignment trimming in large-scale phylogenetic analyses［J］. Bioinformatics, 2009, 25(15): 1972-1973.

［10］Chaw SM, Liu YC, Wu YW, et al. Stout camphor tree genome fills gaps in understanding of flowering plant genome evolution［J］. Nature Plants, 2019, 5(1): 63-73.

［11］Chen CJ, Chen H, Zhang Y, et al. TBtools: an integrative toolkit developed for interactive analyses of big biological data［J］. Molecular Plant, 2020, 13(8): 1194-1202.

［12］Chen S, Zhou Y, Chen Y, et al. fastp: an ultra-fast all-in-one FASTQ preprocessor［J］. Bioinformatics, 2018, 34(17): i884-i890.

［13］Cheng H, Concepcion GT, Feng X, et al. Haplotype-resolved de novo assembly using phased assembly graphs with hifiasm［J］. Nature Methods, 2021, 18: 170-175.

［14］Chou KC, Shen HB. Plant-mPLoc: a top-down strategy to augment the power for predicting plant protein subcellular localization［J］. PLoS ONE, 2010, 5: e11335.

［15］Danecek P, Auton A, Abecasis G, et al. 1000 Genomes Project Analysis Group. The variant call format and VCFtools［J］. Bioinformatics, 2011, 27(15): 2156-2158.

［16］David C, Christopher N. Ubuntu Linux Bible (10th edition)［M］. Hoboken: WILEY, 2020.

［17］Dierckxsens N, Mardulyn P, Smits G. 2017. NOVOPlasty: de novo assembly of organelle genomes from whole genome data［J］. Nucleic Acids Research, 2017, 45: e18.

［18］Dobin A, Davis CA, Schlesinger F, et al. STAR: ultrafast universal RNA-seq aligner ［J］. Bioinformatics, 2013, 29(1): 15-21.

［19］Dudchenko O, Batra SS, Omer AD, et al. De novo assembly of the *Aedes aegypti* genome using Hi-C yields chromosome-length scaffolds［J］. Science, 2017, 356(6333): 92-95.

［20］Durand NC, Robinson JT, Shamim MS, et al. Juicebox provides a visualization system for Hi-C contact maps with unlimited zoom［J］. Cell Systems, 2016, 3(1): 99-101.

［21］Emanuelsson O, Brunak S, von Heijne G, et al. Locating proteins in the cell using TargetP, SignalP and related tools［J］. Nature Protocols, 2007, 2(4): 953-971.

［22］Gurevich A, Saveliev V, Vyahhi N, et al. QUAST: quality assessment tool for genome assemblies ［J］. Bioinformatics, 2013, 29(8): 1072-1075.

［23］Hadley W, Garrett G. R for Data Science［M］. Sebastopol: O'Reilly, 2017.

［24］Jin JJ, Yu WB, Yang JB, et al. GetOrganelle: a fast and versatile toolkit for accurate de novo assembly of organelle genomes［J］. Genome Biology, 2020, 21: 241.

［25］Johnson M, Zaretskaya I, Raytselis Y, et al. NCBI BLAST: a better web interface［J］. Nucleic Acids Research, 2008, 36(Web Server issue): W5-W9.

［26］Katoh K, Standley DM. MAFFT Multiple Sequence Alignment Software Version 7: improvements in performance and usability［J］. Molecular Biology and Evolution, 2013, 30(4): 772-780.

［27］Kumar S, Stecher G, Tamura K. MEGA7: molecular evolutionary genetics analysis version 7.0 for bigger datasets［J］. Molecular Biology and Evolution, 2016, 33(7): 1870-1874.

［28］Kumar S, Suleski M, Craig JM, et al. TimeTree 5: an expanded resource for species divergence times［J］. Molecular Biology and Evolution, 2022, 39(8): msac174.

［29］Larkin MA, Blackshields G, Brown NP, et al. Clustal W and Clustal X version 2.0［J］. Bioinformatics, 2007, 23(21): 2947-2948.

［30］Letunic I, Bork P. Interactive Tree of Life (iTOL) v6: recent updates to the phylogenetic tree display and annotation tool［J］. Nucleic Acids Research, 2024, 13: gkae268.

［31］Li D, Lin HY, Wang X, et al. Genome and whole-genome resequencing of *Cinnamomum camphora* elucidate its dominance in subtropical urban landscapes［J］. BMC Biology, 2023, 21(1): 192.

［32］Li H, Durbin R. Fast and accurate short read alignment with Burrows-Wheeler transform［J］. Bioinformatics, 2009, 25(14): 1754-1760.

［33］Manni M, Berkeley MR, Seppey M, et al. BUSCO update: novel and streamlined workflows along with broader and deeper phylogenetic coverage for scoring of eukaryotic, prokaryotic, and viral genomes［J］. Molecular Biology and Evolution, 2021, 38(10): 4647-4654.

［34］Marchler-Bauer A, Bo Y, Han L, et al. CDD/SPARCLE: functional classification of proteins via subfamily domain architectures［J］. Nucleic Acids Research, 2017, 45: D200-D203.

［35］Mendes FK, Vanderpool D, Fulton B, et al. CAFE 5 models variation in evolutionary rates among gene families［J］. Bioinformatics, 2021, 36(22-23): 5516-5518.

［36］Michael JC, Elinor J, Simon H. The R Book (3rd edition)［M］. Hoboken: WILEY, 2022.

［37］Minh BQ, Schmidt HA, Chernomor O, et al. IQ-TREE 2: new models and efficient methods for phylogenetic inference in the genomic era［J］. Molecular Biology and Evolution, 2020, 37 (5): 1530-1534.

［38］Purcell S, Neale B, Todd-Brown K, et al. PLINK: a tool set for whole-genome association and population-based linkage analyses［J］. The American Journal of Human Genetics, 2007, 81 (3): 559-575.

［39］Reiser L, Subramaniam S, Zhang P, et al. Using the Arabidopsis Information Resource (TAIR) to find information about *Arabidopsis* genes［J］. Current Protocols, 2022, 2(10): e574.

［40］Richard B, Christine B. Linux Command Line and Shell Scripting Bible (4th edition)［M］. Hoboken: WILEY, 2020.

［41］Sanderson MJ. r8s: inferring absolute rates of molecular evolution and divergence times in the absence of a molecular clock［J］. Bioinformatics, 2003, 19(2): 301-302.

［42］Sen TZ, Jernigan RL, Garnier J, et al. GOR V server for protein secondary structure prediction ［J］. Bioinformatics, 2005, 21(11): 2787-2788.

［43］Shahmuradov IA, Umarov RK, Solovyev VV. TSSPlant: a new tool for prediction of plant Pol II promoters［J］. Nucleic Acids Research, 2017, 45(8): e65.

［44］Sharma S, Ciufo S, Starchenko E, et al. The NCBI BioCollections Database［J］. Database (Oxford), 2019, 2019: baz057.

［45］Shen W, Le S, Li Y, et al. SeqKit: A cross-platform and ultrafast toolkit for fasta/q file manipulation［J］. PLOS ONE, 2016, 11(10): e0163962.

［46］Shi L, Chen H, Jiang M, et al. CPGAVAS2, an integrated plastome sequence annotator and analyzer［J］. Nucleic Acids Research, 2019, 47(W1): W65-W73.

［47］Subramanian B, Gao SH, Lercher MJ, et al. Evolview v3: a webserver for visualization, annotation, and management of phylogenetic trees［J］. Nucleic Acids Research, 2019, 47(W1): W270-W275.

［48］Sun P, Jiao B, Yang Y, et al. WGDI: a user-friendly toolkit for evolutionary analyses of whole-genome duplications and ancestral karyotypes［J］. Molecular Plant, 2022, 15(12): 1841-1851.

［49］Tamura K, Stecher G, Kumar S. MEGA11: Molecular Evolutionary Genetics Analysis version 11 ［J］. Molecular Biology and Evolution, 2021, 38(7): 3022-3027.

［50］Wang J, Chitsaz F, Derbyshire MK, et al. The conserved domain database in 2023 ［J］. Nucleic Acids Research, 2023, 51: D384-D388.

［51］Wang Z, Gerstein M, Snyder M. RNA-Seq: a revolutionary tool for transcriptomics ［J］. Nature Reviews Genetics, 2009, 10(1): 57-63.

［52］Waterhouse A, Bertoni M, Bienert S, et al. SWISS-MODEL: homology modelling of protein structures and complexes ［J］. Nucleic Acids Research, 2018, 46(W1): W296-W303.

［53］Wick RR, Schultz MB, Zobel J, et al. Bandage: interactive visualization of de novo genome assemblies ［J］. Bioinformatics, 2015, 31(20): 3350-3352.

［54］Xiao TW, Ge XJ. Plastome structure, phylogenomics, and divergence times of tribe Cinnamomeae (Lauraceae) ［J］. BMC Genomics, 2022, 23: 642.

［55］Zhang C, Rabiee M, Sayyari E, et al. ASTRAL-III: polynomial time species tree reconstruction from partially resolved gene trees ［J］. BMC Bioinformatics, 2018, 19(6): 153.